住房和城乡建设领域"十四五"热点培训教材

既有建筑改造利用消防安全水平提升典型案例集

李学雷 孙 旋 主编

中国建筑工业出版社

图书在版编目（CIP）数据

既有建筑改造利用消防安全水平提升典型案例集 / 李学雷，孙旋主编 . -- 北京：中国建筑工业出版社，2024.12. --（住房和城乡建设领域"十四五"热点培训教材）. -- ISBN 978-7-112-30589-6

Ⅰ . TU998.1

中国国家版本馆 CIP 数据核字第 20246P53Z0 号

既有建筑改造是城市更新的重要内容。本书选取北京、上海、南京、福州、烟台、广州等城市的9个既有建筑消防改造利用典型案例，旨在总结各地在创新消防审验工作机制、优化管理路径、完善技术依据等方面的探索与实践做法，助力城市更新。

责任编辑：葛又畅　李　杰
版式设计：锋尚设计
责任校对：赵　力

住房和城乡建设领域"十四五"热点培训教材
既有建筑改造利用消防安全水平提升典型案例集
李学雷　孙　旋　主编
*
中国建筑工业出版社出版、发行（北京海淀三里河路9号）
各地新华书店、建筑书店经销
北京锋尚制版有限公司制版
临西县阅读时光印刷有限公司印刷
*
开本：787毫米×1092毫米　1/16　印张：9¼　字数：158千字
2024年12月第一版　　2024年12月第一次印刷
定价：**80.00元**
ISBN 978-7-112-30589-6
（43866）

版权所有　翻印必究
如有内容及印装质量问题，请与本社读者服务中心联系
电话：（010）58337283　QQ：2885381756
（地址：北京海淀三里河路9号中国建筑工业出版社604室　邮政编码：100037）

本书编委会

主　编：李学雷　孙　旋

副主编：罗　冰　原玉磊　张晓君　冯　涛

编　委：吴晓云　金元明　周　璇　陈华燕　池建彬
　　　　刘松涛　于　霞　王卫东　颜承宇　隋保国
　　　　张春阳　曹新茹　马桂宁　王　齐　周翔训

序

近年来，我国城市化进程不断推进，城市建设发展已从大规模的增量建设转向存量更新和增量调整并重的新阶段，建筑领域也由新建为主逐步向改造为主转变。在这一转型过程中，原有工程建设消防技术标准更多侧重于新建工程，在既有建筑改造实践中逐渐暴露出诸多不适应性。例如，既有建筑在结构、布局等方面已成型，若完全按照新标准进行消防设计，往往面临空间限制、成本过高以及与原有建筑功能冲突等问题，使得既有建筑改造工程的消防设计成为难题，严重制约了既有建筑改造的顺利推进。

为了服务于既有工程改造消防技术发展，解决当前既有建筑改造消防设计难点，实现既有建筑改造价值和消防安全水平的提升，《既有建筑改造利用消防安全水平提升典型案例集》编制组本着"整体性思维、代表性问题、针对性对策、系统性归类"的思路，从上百个典型既有建筑改造工程中，精心挑选、分析、整理了9个具有代表性的实际工程案例，汇编成册。该书全面详尽地阐述了既有建筑改造消防设计的重点难点，科学合理地论证了既有建筑改造消防设计对策的理由和依据，具有很高的实际应用价值。

相信此案例集的出版会为建筑师与消防工程师进行既有建筑改造的消防设计与咨询工作提供宝贵参考，为行政主管部门开展消防设计的审查与验收工作提供有力支撑，为提升城市整体的消防安全水平贡献力量。

中国工程院院士　范维澄

前 言

党中央、国务院高度重视城市更新工作。习近平总书记指出:"要坚持走内涵式发展路子,创新城市治理,加强韧性安全城市建设,积极实施城市更新行动。"党的十九届五中全会明确提出实施城市更新行动,党的二十届三中全会要求深化城市安全韧性提升行动。这一系列重大决策部署,为我国城市更新工作提出了明确的目标要求。

既有建筑改造利用是城市更新的重要组成部分,消防设计审查验收工作是保障既有建筑改造工程消防安全的重要环节。为适应城市发展形势新要求,推动既有建筑改造利用科学开展,2021年4月,住房和城乡建设部在全国31个市县开展既有建筑改造利用消防审验试点,各地坚持系统谋划、分类施策、积极探索,形成了一批可复制可推广的经验,实施了一批既有建筑改造利用消防审验典型项目,取得了良好的社会效益和经济效益。

本书汇编了既有建筑改造利用消防审验典型项目中具有代表性的9个案例,涵盖历史文化街区、历史建筑、工业遗存、旧商业区改造等多种类型,分析了典型项目的改造重点难点和应对措施,梳理了典型做法和改造成效,希望对各地既有建筑改造利用消防审验工作有一定借鉴参考意义。

本书编纂过程中,得到了全国各地消防审验主管部门、高等院校、科研机构和案例项目等有关单位和专家的大力支持,特此感谢。

由于编者水平有限,编制过程中难免存在疏漏和不足,敬请读者提出宝贵意见。

目 录

绪 论 / 1

1 北京市三里屯太古里北区项目 / 3

2 北京市首钢一高炉项目 / 19

3 上海市北京东路190号沙美大楼项目 / 35

4 江苏省南京市浦口火车站片区项目 / 47

5 江苏省南京市D9街区项目 / 63

6 福建省福州市三坊七巷安民客栈项目 / 75

7 山东省烟台市朝阳街项目 / 85

8 山东省烟台市亚东柒号文创园项目 / 103

9 广东省广州市永庆坊项目 / 117

总 结 / 133

后 记 / 139

绪 论

城市更新行动是党中央、国务院针对我国城市发展新形势，加强城市基础设施建设，推动城市高质量发展，作出的重大决策部署，也是国家"十四五"规划纲要确定的重点工作之一。有序推进城市更新，是当前和今后一个时期的重要工作任务。

我国已进入城市化发展的中后期，城市建设由大规模增量扩张转向存量提质改造与增量结构调整并重。据不完全统计，我国既有建筑总量超600亿m^2，其中，仅2000年以前建成且亟待改造的老旧小区存量就多达40亿m^2，既有建筑改造利用需求旺盛。住房和城乡建设部有序开展城市更新行动，2018年9月，印发《关于进一步做好城市既有建筑保留利用和更新改造工作的通知》（建城〔2018〕96号），要求加强城市既有建筑保留利用和更新改造，避免片面强调土地开发价值，防止"一拆了之"，建立健全城市既有建筑保留利用和更新改造工作机制，加强既有建筑的更新改造管理。2021年8月，印发《关于在实施城市更新行动中防止大拆大建问题的通知》（建科〔2021〕63号），明确提出坚持"留改拆"并举、以保留利用提升为主，加强修缮改造，补齐城市短板，注重提升功能，增强城市活力。2024年8月，国务院新闻办公室举行的"推动高质量发展"系列主题新闻发布会上，住房和城乡建设部党组书记、部长倪虹指出，要进一步深化城市规划建设治理改革，建立可持续的城市更新模式和政策法规，打造宜居、韧性、智慧城市，让人民群众在城市生活得更方便、更舒心、更美好。

在实施城市更新时，既有建筑改造利用也面临建筑材料、构配件和设施设备防火性能衰减，火灾风险增大，有关手续缺失或不全，消防设施未保持完好有效等一系列消防安全问题。因此，破解既有建筑改造消防设计审查验收难题，优化消防审验管理，明确设计标准，畅通审批路径，把牢消防安全源头关口，势在必行。2021年4月，住房和城乡建设部办公厅印发《关于开展既有建筑改造利用消防设计审查验收试点的通知》（建办科函〔2021〕164号），在全国31个市县开展既有建筑改造利用消防设计审查验收试点。2021年6月，住房和城乡建设部办公厅印发《关于做好建设工程消防设计审查验收工作的通知》（建办科〔2021〕31号），规定既有建筑改造利用不改变使用功能、不增加建筑面积的，宜执行现行国家工程建设消防技术标准，不得低于原建筑物建成时的消防安全水平，明确了既有建筑改造消防设计的基本原则。近年来发布的《建筑防火通用规范》GB 55037—2022、《消防设施通用规范》GB 55036—2022等标准规范，进一步细化既有建筑改造利用消防设计审查验收工作的技术要求，既有建筑改造利用消防审验工作方向、路径和措施日渐明晰。

试点工作中，各地在创新既有建筑改造利用消防审验工作机制、探索优化既有建筑改造利用消防审验管理路径等方面形成了一批可复制可推广的经验，涌现出了一大批典型案例成果。例如，北京市三里屯太古里北区项目试行第三方全过程消防咨询服务，依托第三方技术服务机构的专业力量，对项目开展消防改造前现状评估、设计咨询、施工过程查验、运营过程消防安全评估等全过程服务，确保既有建筑改造各个环节的有效衔接。该项目创新采用基于指标体系的消防量化评估方法对项目的消防安全水平进行评估，提高了评估的科学性和合理性，切实保障了建筑物消防安全。广州市永庆坊项目通过统筹编制改造方案，因地制宜分类开展消防设计，设置智能消防报警系统、新型自动灭火系统、远程视频监控等"智慧消防"装置，以信息化技术提升区域火灾预防和救援能力。南京市D9街区项目通过制定正负面清单、企业函询等方式，解决了既有建筑改变使用功能的认定难题。烟台市有针对性地发布旧厂区消防改造利用技术指导文件，指导亚东柒号文创园等一批旧厂区改造项目焕发"新生"。这一系列试点项目的实施，已经转变为助力城市高质量发展的特色项目，取得良好的社会效益和经济效益。在试点工作的基础上，全国各地不断将这些宝贵经验总结提升、沉淀检验，破解既有建筑改造利用消防审验难题的标准化、规范化可行路径正逐步形成。

北京市
三里屯太古里北区项目

一、工程概况

（一）改造背景

三里屯太古里北区项目位于北京市朝阳区三里屯北里，东临三里屯路，南临朝阳区教育委员会，是北京市重要的商业购物区。其采用低密度高品质开放式布局，汇聚国际高端时尚和设计师轻奢品牌，建筑设计风格典雅高贵，是北京市时尚地标之一。为响应《北京市人民政府关于实施城市更新行动的指导意见》"盘活街区存量建筑"号召，进一步提高建筑品质，提升购物体验，2022年三里屯太古里北区启动改造（图1-1），同年被确定为既有建筑改造利用消防设计审查验收试点项目。

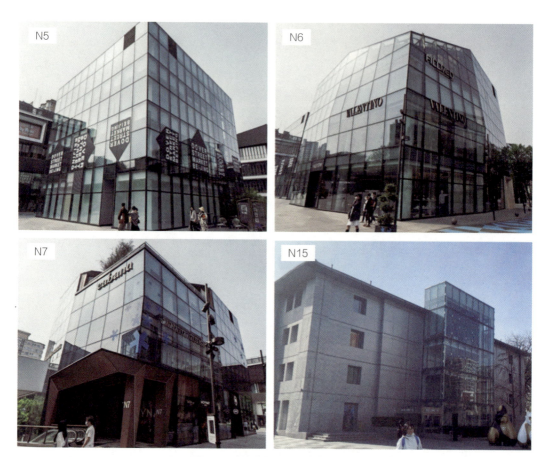

图1-1　改造前的三里屯太古里北区

（二）改造概况

三里屯太古里北区项目所处地块东西长约137m，南北长约205m，总占地面积约24000m^2，总建筑面积约82000m^2，其中地上建筑面积约40000m^2，地下建筑面积约42000m^2。工程由N2~N8楼和15#楼等8栋多层建筑组成，建筑地下部分连体组成大底盘，项目中心和东北侧分别设置下沉广场（图1-2）。N2~N8楼使用功能为商业，地上4层，地下2层，其中地下一层为配套商业及附属用房，地下二层为汽车库及设备机电用房。三里屯太古里北区项目各单体建筑于2005~2006年间取得建设工程规划许可证，2008年竣工并通过消防验收。

三里屯太古里北区项目改造内容包括N2楼局部，N5、N6、N7、15#楼地上部分，以及相关的地下一层（以下简称NLG）和地下二层区域。三里屯太古里北

图1-2　太古里北区平面图

区项目位于城市核心地段,且实施改造期间部分店铺尚在营业中,需有计划地分步实施改造(表1-1、图1-3)。

北京市三里屯太古里北区改造情况　　　　表1-1

建筑	使用功能	改造类型	工程规划许可、消防审验手续办理	改造起止时间
N2	商业	局部改造	2023年5月,重新办理工程规划许可; 2024年2月,办理消防验收备案	2023.9~2024.1
N5	商业	地上整体改造	2022年9月,重新办理工程规划许可; 预计2025年12月,办理消防验收备案	2022.11~2025.12
N6	商业	地上整体改造	2022年9月,重新办理工程规划许可; 预计2025年2月,办理消防验收备案	2022.12~2025.2
N7	商业	地上整体改造	2023年6月,重新办理工程规划许可; 预计2025年2月,办理消防验收备案	2023.7~2025.2
15#	商业	地上及地下整体改造	2022年4月,重新办理工程规划许可; 2023年7月,办理消防验收备案	2022.8~2023.7
NLG	商业	配合地上建筑的改造实施局部改造,分期实施	原工程规划许可不变,分期办理消防验收备案	2024.5~2025.6

注:改造期间N3、N4正常营业,NLG除需改造的店铺区域外,其他店铺正常营业。

图1-3　改造中的三里屯太古里北区

二、改造的重点难点及应对措施

三里屯太古里北区改造项目受建筑现状和空间等因素的限制，难以完全按照现行国家工程建设消防技术标准进行改造。工程采用了全过程消防技术咨询服务强化技术支撑，对照项目重点难点，理顺破解思路，创新改造路径方法，制定改造应对措施，有效衔接工程建设各个环节，保障了项目顺利设计、施工、验收、投入使用。

（一）改造的重点难点

1. 项目改造无法完全适用现行技术标准

该项目多栋建筑建设年代较早，受现状条件限制无法完全按照现行国家工程消防技术标准进行改造，且部分建筑尚处于经营状态，需解决好正常经营部分和改造部分的安全问题。

2. 防火分区需重新调整

原建筑地下一层使用功能为商业，每个防火分区的建筑面积不超过2000m^2。现地下一层与地下一层对应位置的地上单体建筑同步进行改造，地下一层部分商铺的使用功能变更为餐饮，火灾危险性提高，按照现行国家工程消防技术标准的有关要求，地下一层的防火分区需重新划分调整。

3. 疏散楼梯间等改造难度大

原建筑依据《建筑设计防火规范》GBJ 16—87（2001年版）及有关技术标准进行设计，各单体建筑安全疏散设施的设置与现行国家工程建设消防技术标准存在差异，既有建筑疏散楼梯间不符合现行标准规范的相关要求，主要难点包括：

（1）部分保留使用的疏散楼梯间开门遮挡有效疏散宽度，净宽不满足1.4m。

（2）现有疏散楼梯间不具备自然通风条件，也未设置机械加压送风系统。

（3）地下封闭楼梯间顶部未设置固定窗。

（4）疏散楼梯间地下一层通向首层梯段下设置配电间，检修门采用甲级防火门，直接开向疏散楼梯间内部（图1-4）。

（5）增设机械加压送风系统、变更配电间位置及重新布置相关电线电缆存在困难。

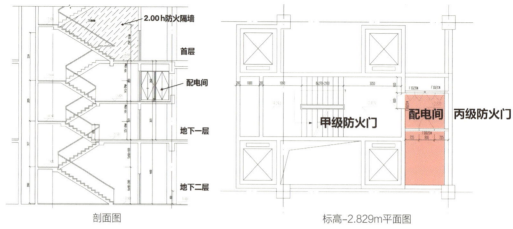

图1-4 疏散楼梯间剖面图及夹层配电间位置示意图

4. 防排烟系统改造受限

（1）地上单体建筑内部既有或新增连通多个楼层的通高空间，受建筑原有立面条件限制，自然排烟窗面积不足，难以满足现行技术标准要求（图1-5）。

（2）经对既有建筑地下一层的机械排烟口数量及排烟量核算，部分排烟口的排烟量不符合《建筑防烟排烟系统技术标准》GB 51251—2017的要求。

（3）受建筑原有空间体量限制，部分新增排烟、补风风机未能设置在专用机房内。

图1-5 N7通高空间剖面图

（4）建筑原排烟管道耐火极限无法满足现行消防技术标准的要求。

5. 消防供水系统难以改造需采取整体补偿措施

项目各单体建筑共用一套消防供水系统，由于改造后各单体建筑内空间构造的变化，依据《消防给水及消火栓系统技术规范》GB 50974—2014及《自动喷水灭火系统设计规范》GB 50084—2017，消防设计水量增加，现有消防水池、消防水箱的水量不满足设计要求。因消防水箱所处建筑不属于本次改造范围且难以增设消防水池，改造存在困难。

（二）应对措施

1. 项目改造无法完全适用现行技术标准的应对措施

通过对本项目现场勘察调研及改造设计方案的分析，对照现行国家消防技术标准综合分析新旧标准差异和既有建筑改造的难点，对消防技术问题进行归类研究。能够按照现行消防技术标准实施改造的均按照现行标准实施；难以符合现行标准要求的，按照《北京市既有建筑改造工程消防设计指南（试行）》（以下简称《指南》）实施。

能够按照现行消防技术标准改造到位的消防技术措施主要包括：防火分隔、防火封堵、自喷喷头选型、排烟口排烟量、局部挡烟设施的完善，火灾探测器、报警器的设置，共用消防设施的联动控制方式，公共区域的防火门监控系统，消防应急照明和疏散指示标志，消防广播等。

根据本项目实际情况，经评估本项目共有15大类问题可以按照《指南》要求实施改造，如"现状楼梯间入口开门后影响疏散净宽""地下室封闭楼梯间顶部未设置固定窗""机械排烟口排烟量不符合现行技术标准要求""未设置防火门监控系统，应急疏散照明及指示标志不符合现行技术标准要求""既有及新增排烟、补风风机未设置在专用机房内"等。针对"消防电源及其配电系统、电线电缆选型与敷设未完全满足现行标准要求""排烟管道耐火极限不足"等问题，参照《指南》规定提出分步改造原则。

分类分析上述消防技术问题，分别制定解决措施，并根据项目实际需求，采取基于指标体系的消防安全水平量化评估分析方法，提出消防设计优化方案和性能补偿措施，保障项目改造的消防安全水平。

2. 防火分区难以调整的应对措施

（1）根据《北京市既有建筑改造工程消防设计指南》（2023年版）第3.3.1条规定，当确因现状条件困难时，改造工程保留的防火分区面积不应大于现行国家消防技术标准规定的防火分区允许最大面积值的5%。在原防火分区划分的基础上，新增了两个防火分区。

（2）控制餐饮店铺规模，调整厨房加热方式。原有餐饮店铺的位置维持不变，数量不增加。在本次改造中，所在防火分区实施改造时，相应燃气餐饮店铺的厨房改为电加热无明火的操作方式，部分店铺取消餐饮功能或缩减面积。

（3）各防火分区均设置直通中心下沉广场的疏散通道及安全出口，餐饮店铺均可直接疏散至室外下沉广场或疏散楼梯间。

（4）所有餐饮店铺的厨房均改为无明火电加热后，厨房区域仍按明火厨房的要求，采用耐火极限不低于2.00h的防火隔墙及乙级防火门与其他区域进行分隔。

（5）对于有高温操作的餐饮厨房，烹饪操作间的排油烟罩及高温烹饪部位设置厨房自动灭火装置。在餐饮店铺的配电箱内设置测温式电气火灾探测器，在餐饮店铺的上级配电设备出线回路处增设剩余电流式火灾探测器。

3. 安全疏散不满足现行标准的应对措施

（1）拓宽NLG各防火分区独立疏散宽度。调整NLG通向下沉广场的边界，拓宽各防火分区通向下沉广场的出口。对于部分未设置通向下沉广场出口的店铺增设出口，使NLG整层独立疏散宽度不小于现行国家消防技术标准计算宽度要求的80%。

（2）优化下沉广场用于人员安全疏散的相关设计，拓宽了中心下沉广场北侧和东北角下沉广场原有通向首层地面的楼梯，此外，中心下沉广场保留两部通向首层地面的自动扶梯，火灾时作为协助人员疏散的设施。改造后，下沉广场均为无顶盖的室外开敞空间，净面积可容纳人数大于NLG任意两个防火分区计算疏散人数之和。不设置直接开向下沉广场的机械排烟口、排热口、排油烟口、事故通风口、泄爆口等，不设置其他可能导致火灾蔓延或妨碍人员安全疏散的设备、管道等。下沉广场通向首层地面的楼梯设置应急照明及疏散指示标志，增设消防广播（图1-6）。

（3）增设营业厅公共区域连通疏散楼梯间的通道。NLG大部分疏散楼梯间在商场后侧通过后勤走道连接在一起，再由四处通道连接至公共商业环廊，公共商业环廊设置了五处连接至下沉广场的通道，从而实现店铺与疏散楼梯间及开向下沉广场的安全出口连通。基于原疏散条件，充分利用现有连通通道，根据疏散宽度计算指标及各商铺的面积核算所需疏散宽度，改造后靠近后侧的店铺通过后勤走道向疏散楼梯间疏散，靠近下沉广场的店铺开设通向下沉广场的疏散出口，仍无法满足疏散宽度及疏散距离的局部区域，通过连通通道进行疏散（图1-7）。

（4）按照现行国家消防技术标准要求控制NLG疏散距离。依据《建筑设计防火规范》GB 50016—2014（2018年版）表5.5.17中位于袋形走道两侧或尽端的疏散门至最近安全出口的直线距离要求，控制"单向疏散"区域的疏散距离。对于形成

图1-6　NLG中心下沉广场

"单向疏散"的位置，将邻近区域的店铺改造为开敞式设计，优化疏散路径。

（5）科学规划疏散路径，借用相邻防火分区进行疏散。根据各防火分区的疏散宽度差距合理规划借用疏散的方向，在连通的后勤走道上设置甲级防火门作为借用相邻防火分区进行疏散的出口。

4. 防排烟系统改造受限的应对措施

（1）将挑空区域单独划分防烟分区。首层采用能够下降至地面的活动式挡烟垂壁，二层采用单层防火卷帘与其他区域进行分隔，自然排烟窗设置于二层挑空区域的储烟仓内。

（2）二层净高不大于6m的销售区与连通二层及三层的挑空区域划分为同一个防烟分区，挑空区域与三层销售区采用玻璃墙进行分隔。自然排烟窗设置于三层挑空区域的储烟仓内。

（3）依据《指南》规定，东南侧连通首层及二层的挑空区域的自然排烟窗有效面积不小于地面建筑面积的5%；二层销售区自然排烟窗有效面积不小于挑空区域

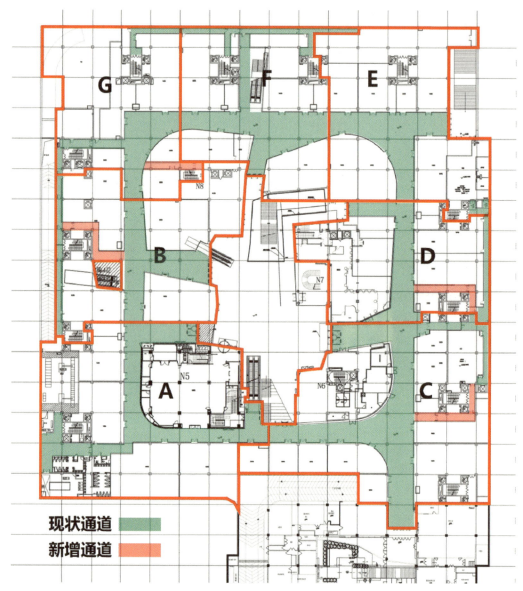

图1-7　NLG改造方案公共商业环形通道、后勤走道及新增通道示意图

地面建筑面积5%与净高不小于6m区域建筑面积2%之和。

（4）玻璃幕墙均由宽度为1.72m、高度为4m的幕墙单元搭接而成，玻璃幕墙上的自然排烟窗尺寸与幕墙单元一致。按照开窗形式，依据《建筑防烟排烟系统技术标准》GB 51251—2017第4.3.5条规定，计算确定了排烟窗的有效面积。

（5）结合数值模拟分析等手段，评估改造方案实施后N5的烟气蔓延情况及疏散安全水平（图1-8）。

图1-8　N5防烟分区划分及自然排烟窗设计

5. 消防安全整体补偿措施

针对"防火分区边界调整导致面积变化""消防水量不足"等难以实施改造的消防技术问题，进行设计优化，并将电气火灾监控系统和智慧消防系统作为整体的补强措施（图1-9）。

在充分调研北区供配电现状以及对原电气火灾监控系统进行分析的基础上，对电气火灾监控系统进行全面更新升级，保留原设置于一级配电的剩余电流式电气火灾报警系统，新增二级配电监控和重点区域的三级配电监控。在新增的部分，采用随动报警阈值等新技术，能够有效减少误报率，采用热解粒子式电气火灾探测器，提前发现火灾隐患，降低火灾发生的可能性。与此同时构建智慧消防系统，建设了智慧消防监控平台强化火灾风险防控，提升管理、响应能力。

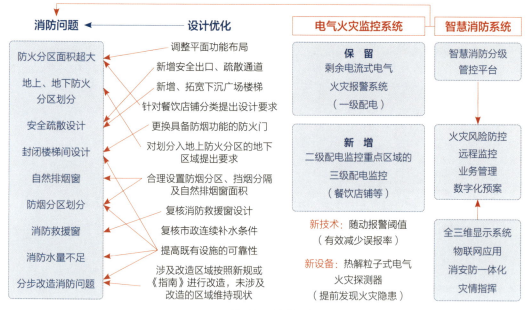

图1-9 消防问题综合解决方案

6. 保障改造后消防安全水平提升的应对措施

本项目采用既有建筑改造量化评估方法，明确了既有建筑改造项目的消防安全水平。量化评估方法主要采用层次分析法，针对建筑消防安全状况，层次分析法根据消防安全评估的总目标，将消防安全分解成不同的组成要素，按照要素间的相互关系及隶属关系，将要素按不同层次聚集组合，形成一个多层分析结构模型并创建形成了既有建筑消防安全量化评估指标体系（图1-10）。

结合既有建筑实际情况，按照既有建筑消防安全量化评估指标体系选取评估对象，对既有建筑的消防安全状况进行综合评定得分，判定建筑消防安全等级（图1-11）。将其消防安全等级划分为"低风险、中风险、高风险、超高风险"四个等级。改造项目符合下列所有条件时，既有建筑改造具有消防安全方面的可行性。

（1）改造后的安全水平不低于改造前的水平，即改造设计方案的得分高于改造前的得分。

（2）针对改造后执行现行国家消防技术标准仍有困难的问题，采用基于性能提升的补偿性做法和采用经评定可靠的产品技术等措施，且结论为火灾风险处于可控状态。

（3）改造后的消防安全水平不低于现行标准要求的同等消防安全水平。

通过量化评估显示，该项目改造后的消防安全水平不低于现行标准要求的同等消防安全水平的目标。

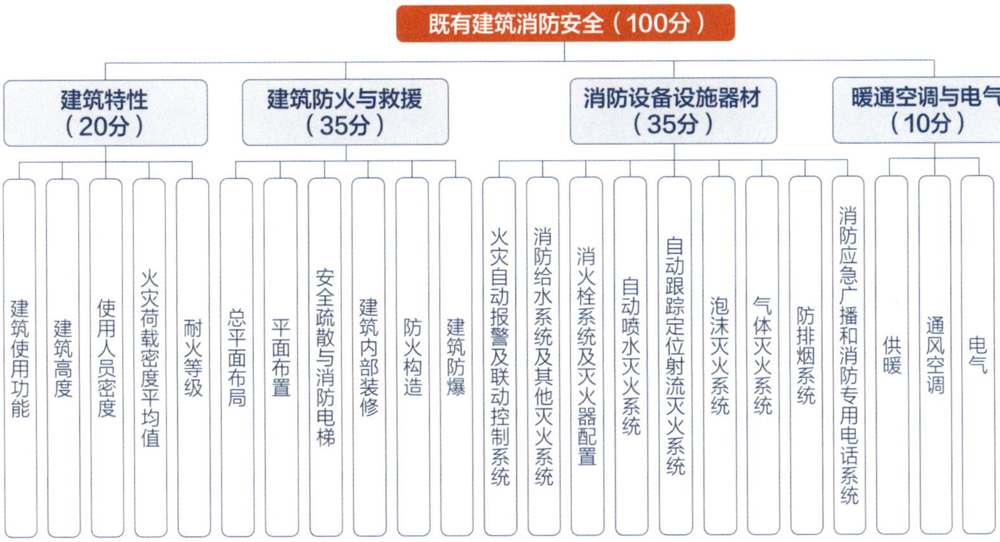

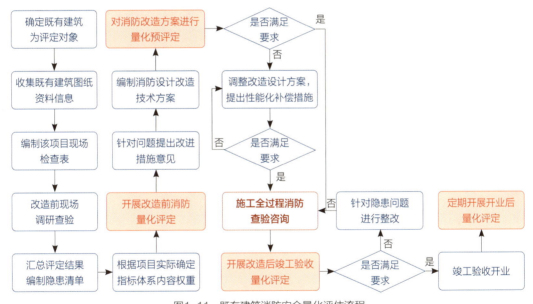

图1-10 既有建筑消防安全量化评估指标体系

图1-11 既有建筑消防安全量化评估流程

三、典型做法

（一）指南先行，分类施策

本工程综合运用《北京市既有建筑改造工程消防设计指南（试行）》作为消防设计的技术指导，并参照其有关要求进行拓展运用，为既有建筑改造消防问题解决提供综合设计优化方案。

（二）目标导向，量化评估

本项目引入基于消防安全性能化的理念，采用消防量化评估方法，兼顾建筑改造的合理性与经济性，以保证建筑本质安全为目标，做到安全适用、技术先进、经济合理，为既有建筑改造消防安全性能提升提供技术指导和量化标准。

（三）性能补偿，保障安全

针对既有建筑消防改造难题，提出整体性能补偿措施，在落实"应改尽改"原则的前提下，针对由于新旧规范差异、受限于既有建筑现状，确实难以实施改造的消防问题，在进行消防设计方案优化的基础上，从整体角度提出性能补偿措施，提高改造工程的整体消防安全水平。

（四）技术支撑，顺利实施

在本次试点项目的实施过程中，通过提供消防设计、施工过程咨询，竣工验收消防查验、消防验收现场评定、运营过程等全过程消防技术服务，开展覆盖全生命周期的消防安全评定，保证本改造项目安全稳定运行。

四、改造成效

（一）消防安全方面

破解消防改造难题，提升消防安全水平，本项目在解决消防改造问题的过程中，采用基于指标体系的量化分析手段，对既有建筑现状、消防设计方案、改造施工完成等各阶段进行整体量化评估，确保项目改造后的消防安全水平不低于按照现行国家消防技术标准改造的水平。

（二）文化提升方面

本项目改造完成后将成为北京市新的地标建筑群、国际一线高档购物区及时尚艺术展示中心，集中彰显了盘活存量建筑、提升商业品质，优化营商环境的城市更新行动新成效。改造后，太古里北区将为国际一流艺术家、设计师的作品和时尚文化活动提供载体和展示空间，国际化氛围将得到有效提升，极大地丰富城市的文化生态，成为北京乃至全国的文化新地标。

（三）经济效益方面

在保障消防安全的前提下，立足项目使用功能，制定兼顾技术合理性和工程经济性的方案，对空间、系统进行整体设计和针对分步实施改造的优化，减少大面积拆改和大范围停业。改造后太古里北区品牌集群效应得到强化，吸引并汇聚了高端消费客群，有力驱动北京高端消费市场的持续增长，成为推动城市消费结构向更高层次转型的重要引擎，实现经济效益的显著提升。此外，太古里北区商业价值的进一步提升，为周边区域创造就业机会、促进更广泛的商业合作、拓宽品牌发展提供了更多可能，为城市经济的繁荣与发展提供了广阔空间。

（四）社会效益方面

太古里北区改造过程中，始终秉持绿色生态理念，通过应用环保材料、融入节能减排技术以及精心打造绿色景观空间，为城市可持续发展树立了创新典范，展现了人与自然和谐共生的美好愿景，为商业领域的绿色发展与转型升级贡献了重要力量。太古里北区在保持正常营业的同时实现改造升级，这一创新实践为北京乃至全国范围内商业建筑在运营期间进行改造升级提供了宝贵经验。

参考文件

1. 《北京市人民政府关于实施城市更新行动的指导意见》
2. 《北京市关于深化城市更新中既有建筑改造消防设计审查验收改革的实施方案》（京建发〔2021〕386号）
3. 《北京市既有建筑改造工程消防设计指南（试行）》
4. 《北京市既有建筑改造工程消防设计指南》（2023年版）

北京市
首钢一高炉项目

一、工程概况

（一）改造背景

一高炉项目位于北京首钢园区内，绿轴景观带与金安桥片区核心交汇处，西靠晾水池东街，南临秀池南街，毗邻三高炉，与群明湖和首钢滑雪大跳台遥遥相望。一高炉于1914年9月破土动工建设，距今已有百余年历史，期间经历了多次扩容大修和升级改造，为钢铁事业做出了卓越贡献，是中国经济腾飞与社会进步的见证者（图2-1、图2-2）。一高炉于2010年12月全面熄灭，其工业生产历史篇章悄然翻页，也预示着它将迎来转型升级的崭新纪元。为了充分保留北京市首钢工业园区历史记忆和文化价值，激活旧厂区经济活力和创新潜力，促进城市更新和可持续发展，首钢一高炉项目开始实施改造。

图2-1 一高炉改造前外观

图2-2 一高炉改造前内部

（二）改造概况

一高炉项目以2022年北京冬奥会为契机，按照《北京市关于开展老旧厂房更新改造工作的意见》精神，把握住房和城乡建设部开展既有建筑改造利用消防审验试点工作机遇，探索城市工业遗存保护利用路径，将原工业构筑物改造为商业建筑，打造新时代首都城市复兴新地标。

项目以一号高炉、主控楼及部分引桥为改造主体，建筑面积约20000m²，高度约41m。因建设主体不同，该工程改造分两阶段进行。第一阶段改造内容为一高炉本体及附属构筑物，总投资约2.98亿元，第二阶段改造内容为装修、机电及消防专业施工等,总投资约2.5亿元(含设备)。

一高炉主要分为主题秀场区域和科技乐园区域两大功能区。秀场区域设置在高炉北侧二到三层,未来科技乐园设置在高炉南侧二层到六层,两部分以炉芯分隔。高炉在保留高炉原有结构和外部工业建筑风貌基础上,广泛布局5G、云计算、数字孪生等前沿创新科技,集文化艺术、科普教育、科技体验、交流展示、休闲娱乐、餐饮购物等功能于一体,营造沉浸式文化旅游体验场景(图2-3)。

图2-3　一高炉改造后

二、改造的重点难点及应对措施

首钢园区内有大量的老旧工业厂房、仓储用房及相关工业设施,建筑风格独特,承载着近现代北京工业发展的历史记忆,是首都文化发展的重要载体和资源。依据《新首钢高端产业综合服务区规划》要求,大量的重要工业资源需要保留,在此基础上营造极具科幻"韵味"的建筑体验,但原构筑物内部结构复杂,大、小空间布局错落,改造难度大。

(一)改造的重点难点

1. 工业构筑物改造为民用建筑工作路径不明确

工业构筑物改造为民用建筑类项目从方案设计、技术审查、建设施工、过程监管、竣工验收、投入使用等各环节均没有明确的工作路径。

2. 工业构筑物改造利用施工过程管理依据不足

因工业构筑物改造为民用建筑的特殊性,尚无成熟的施工管理经验可供借鉴,缺少工业构筑物改造利用在结构质量、施工安全、拆除工程、设计文件、过程监管、竣工验收等方面的管理依据。

3. 增设消防救援设施难度大

由于既有构筑物为高炉形式,五、六层消防救援场地范围内建筑进深大于4m,且

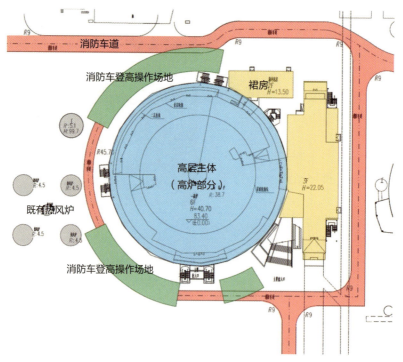

图2-4 总平面示意图（消防救援设施情况）

因既有构筑物客观条件限制，五、六层虽设置消防救援窗，但未对应设置在消防救援场地范围内，一层直通室外安全出口也未对应设置在消防救援场地范围内（图2-4）。

4. 扩大的防火分区致使消防设计难度大

由于功能使用需求，建筑内未来科技乐园（VR娱乐、数字运动、光影乐园）设置在高层主体（高炉部分）的二层到六层，其公共空间互通作为一个扩大的防火分区，该防火分区面积达到8498.46m²，该防火分区面积超过规范要求，各区域面积如表2-1所示。

扩大的防火分区各区域面积统计表　　　　表2-1

标高（m）	区域	面积（m²）
7.270	二层	2172.23
13.400	三层	1826.92
20.430	四层	2123.79
26.620	五层	1364.25
32.420	六层	1011.27
合计		8498.46

由于此扩大防火分区的客观要求，给建筑内各层防火分隔改造、排烟系统、人员安全疏散及装饰装修材料的选择等带来困难。

5. 室外钢结构构件防火保护必要性需论证

按照现行国家工程消防技术标准，钢结构构件应采取防火保护措施。现高炉屋顶及周边室外的构筑物大量采用钢结构构件，结合已有措施现状，是否需要全部采取防火保护措施需论证分析。

（二）应对措施

1. 工业构筑物改造为民用建筑工作路径不明确的应对措施

在调查研究和各级部门充分沟通的基础上，确定了工业建（构）筑物改造利用工作流程和实施路径。

（1）落实企业主体责任，由建设单位组织开展设计、施工和竣工验收，承诺对工程建设质量、消防安全等负首要责任，实现责权统一。

（2）落实"放管服"改革要求，在落实企业主体责任的同时，考虑到城市环境提升及过程监管的需要，设置了项目备案、外立面和夜景照明方案审核、施工告知单、消防现场查验等四个环节，加强事中管理。

（3）强化企业信用监管，对建设单位履行承诺情况实施跟踪，将其未按承诺执行的失信行为信息录入区公共信用信息服务平台，由相关部门依法依规进行惩戒。

2. 工业构筑物改造利用施工过程管理依据不足的应对措施

针对构筑物的特殊性和尚无成熟经验的现状，主管部门研究制定针对构筑物的管理方案，该工作方案确定了工业构筑物的改造利用施工管理路径。

（1）改造前需进行结构安全鉴定。经具有结构安全鉴定资质的第三方进行结构鉴定后，据鉴定结论进行了相应加固改造。

（2）引入企业承诺。建设单位在工程建设承诺书中承诺，严格执行项目所涉及的质量、安全、节能、消防等强制性规范、标准和相关技术要求；严格按照结构鉴定结论进行相应的加固改造，确保施工和使用安全；严格按照施工图设计文件进行施工；建设单位组织责任单位严格落实消防工程自查，保障消防工程质量，完成消防查验等内容。

（3）办理施工告知单。建设单位将工程建设承诺书、结构鉴定报告、施工图设计文件、施工图审查咨询意见及已按咨询意见修改的承诺等报主管部门，主管部门出具施工告知单。

（4）过程监管和竣工验收。工业构筑物改造项目不再进行质量监督注册和安全监督备案，待具备施工告知单后，主管部门对质量、安全进行监管。项目完工后，建设单位组织开展工程质量竣工验收，竣工验收合格后，主管部门按照验收标准进行现场评定。

3. 增设消防救援设施难度大的应对措施

在高层主体（高炉部分）设置消防车登高操作场地最大布置间距40.62m，总长度不小于高层主体（高炉部分）1/4周长，五、六层消防车登高操作场地范围内的建筑进深大于4m，通过四层室外走廊设置楼梯至五、六层消防救援窗进行消防救援（图2-5）。

利用通向室外地面或室外走廊的出口作为救援窗，但由于构筑物条件限制，五、六层消防救援窗无法对应消防车登

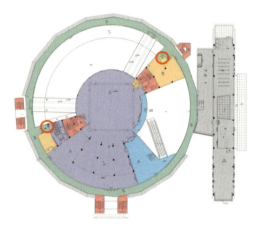

图2-5 四层室外走廊设置楼梯至五层示意图

高操作场地，保证每个防火分区及防火分区的每层消防救援窗数量不少于2个，消防救援窗通过室外楼梯和室外走廊与消防车登高操作场地连接。在高层主体（高炉部分）设置防烟楼梯间和消防电梯。一层楼梯间出口未对应消防车登高操作场地，楼梯间设置净宽度不小于3m的室外走道通向室外与救援场地连通。室外走道与两侧采用防火墙和甲级防火门进行分隔。

4. 扩大的防火分区消防设计难度大的应对措施

从影响安全性能的主要因素入手分析扩大防火分区的消防安全性能，通过设置疏散楼梯和安全出口、划分防火分区、对高火灾荷载区域进行防火分隔处理、分阶段疏散等方法，制定基于安全目标和性能要求的消防安全策略。

（1）防火分隔

一层、二层、三层主体（高炉部分）与裙房部分采用防火墙和甲级防火门进行分隔。高层主体面向室外走廊和室外罩棚柱的竖向外围护结构可采用耐火极限不低于1.00h的防火隔墙进行分隔，或采用耐火完整性不低于1.00h的防火玻璃分隔并设

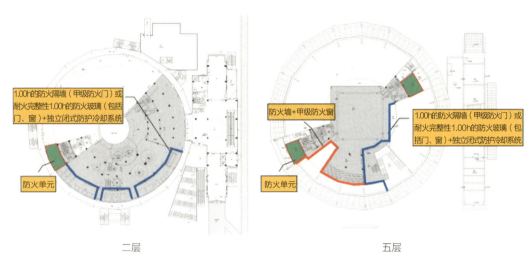

图2-6 扩大防火分区在二层、五层分隔示意图

置独立闭式防护冷却系统。利用建筑既有的炉芯作为防火分隔,穿越处的金属管、金属板应按规范采取防火封堵,并在两侧各2m范围内采取防火保护措施,且耐火极限不应低于3.00h(图2-6)。

高炉部分二层至六层扩大防火分区内防火分隔方案如下:

1)每层乐园区域与乐园大厅之间可采用耐火极限不低于1.00h的防火隔墙进行分隔,或采用耐火完整性不低于1.00h的防火玻璃(包括门、窗)分隔并设置独立闭式防护冷却系统。

2)每层乐园区域内部作为一体空间可不进行防火分隔。

3)乐园每层之间采用防火墙和甲级防火窗进行分隔。

4)设备用房、办公用房、医务室、行李存放室等具有火灾荷载的用房按防火单元设计,即采用耐火极限不低于2.00h的不燃性防火隔墙和耐火极限不低于1.50h的不燃性顶板与室内空间进行防火分隔,在隔墙上开设门窗时,采用甲级防火门、窗,防火单元内消防设计按现行国家标准执行。

(2)排烟系统

乐园大厅分为3个排烟区域(二层、二层至三层、二层至六层),3个区域之间按规范设置挡烟设施。二层区域如红色所示,设置机械排烟,与二层至三层区域之间的挡烟设施高度不低于净高的10%,且不小于500mm;二层至三层区域如绿色所示,设置机械排烟,与二层至六层区域之间的挡烟设施高度不低于净高的10%,且不小于500mm;二层至六层区域如紫色所示,设置机械排烟(图2-7)。

1）乐园大厅二层、二层至三层两个区域上方设有楼板，设置机械排烟系统。两个区域的机械排烟口分别在各自蓄烟舱内（即挡烟设施下沿以上）均匀布置，防烟分区内任一点与最近排烟口之间的水平距离不大于30m。

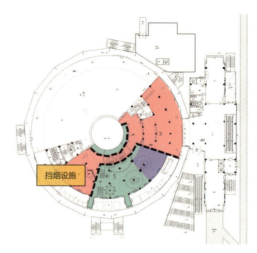

图2-7 二层大厅排烟区域示意图

2）大厅二层至六层区域在顶部设置机械排烟，采用吊装排烟风机（不设置专用机房）。大厅二层至六层排烟区域净高大于9m，采用镂空率大于25%吊顶，防烟分区面积不大于2000m²且长边不大于60m。

3）秀场防火分区为主体1层局部2层，净高大于9m，设置镂空率大于25%吊顶，防烟分区面积不大于2000m²且长边不大于60m，二层楼板下利用大空间自然排烟与大空间作为一个防烟分区。公共区自然排烟窗具有防失效保护功能、与火灾自动报警系统联动功能、远程控制开启功能和手动开启功能。

针对排烟系统设计参数，采用烟气控制CFD模拟分析，利用建筑FDS模型，设置相关数据参数，得到距地面2.0m的水平面上烟气浓度、CO浓度、温度和能见度的结果，以及二层烟气流动的模拟过程（图2-8）。模拟结果表明，排烟方案至少在20min内可为人员安全疏散提供保证。

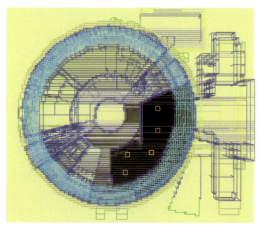

$T = 600s$

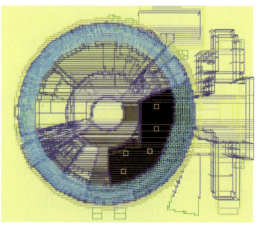

$T = 1200s$

图2-8 二层烟气流动模拟示意图

（3）人员疏散

项目以一号高炉、主控楼及部分引桥为改造主体，业态规划为主题秀场（二层、三层）、未来科技乐园（VR娱乐、数字运动、光影乐园）（二层至六层）、艺术展览（高炉主体和裙房部分一层）、体验式商业（裙房一至三层）四大项主要内容。五层、六层采用限流措施，控制每层人数不超过270人（表2-2）。

扩大防火分区各层疏散人数统计表　　　　　　　　　　表2-2

扩大防火分区	人员密度（人/m²）	公共区面积（m²）	疏散人数（人）
二层	0.5	1960	980
三层	0.5	1494	747
四层	0.5	1663	832
五层	—	—	270
六层	—	—	270

扩大防火分区各层每百人可用疏散净宽度不低于1m（包括裙房部分），人员可通过各层疏散出口向室外走廊或防烟楼梯间进行疏散，火灾状态下安全出口及通向安全出口路径上的疏散门采取消防联动处于可开启状态（图2-9）。对扩大防火分区各层的疏散宽度进行核定（表2-3），疏散宽度满足要求。

采用Pathfinder软件对发生在分区内各

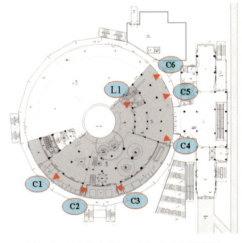

图2-9　扩大防火分区二层疏散路径示意图

扩大防火分区各层疏散宽度核定　　　　　　　　　　表2-3

扩大防火分区	设计疏散净宽度（m）	需疏散人数（人）	每100人最小疏散净宽度（m）	所需疏散净宽度（m）	设计疏散宽度满足率（%）
二层	11.9	980	1.0	9.8	121
三层	13.4	747	1.0	7.5	178
四层	11.8	832	1.0	8.4	140
五层	2.8	270	1.0	2.7	103
六层	2.8	270	1.0	2.7	103

层模拟火灾情况下人员的疏散行动时间的模拟分析，疏散时间包括疏散开始时间和疏散行动时间两部分。设定其火灾探测时为60s，火灾报警时间为30s，疏散预动时间为90s，则疏散开始时间为180s。疏散行动时间根据建立模型，输入相关参数后进行疏散模拟，以模拟发生火灾后，二层人员疏散作为示意（图2-10），人员全部疏散至安全区域需要168s，在将行动时间作为疏散时间时，考虑1.5倍的安全系数，则二层人员的疏散时间为180s+168s×1.5=432s。

采用此模拟计算结果，对扩大防火分区内各层人员疏散所需时间核定（表2-4），各层所需的疏散时间均小于20min，因此在排烟方案有效的情况下，此扩大防火分区内各层的人员均可保证安全疏散。

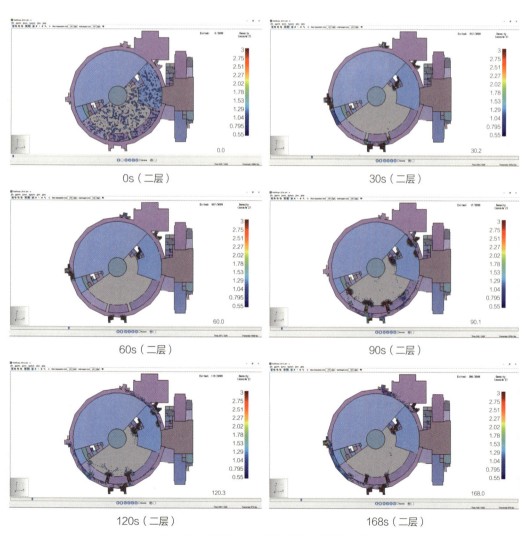

图2-10 模拟发生火灾后，二层人员疏散示意

人员疏散所需时间汇总表　　　　　　　　　表2-4

分析区域		疏散开始时间（s）	疏散行动时间（s）	疏散时间（s）
扩大防火分区	二层	180	168	432
	三层	180	235	533
	四层	180	413	800
	五层	180	345	698
	六层	180	197	476

5. 室外钢结构构件防火保护必要性论证的应对措施

经论证分析，一高炉室外钢结构构件可不进行防火保护：

（1）高层主体的室外救援和疏散钢梯与高层主体间竖向外围护结构采用耐火极限不低于1.00h的防火分隔，可不进行防火保护。

（2）室外支撑屋顶钢结构构件与高层主体间竖向外围护结构采用耐火极限不低于1.00h的防火分隔，可不进行防火保护。

（3）室外设置大屏幕的钢结构构件距离建筑外墙约10m，按照《电工电子产品着火危险试验 第16部分：试验火焰 50W水平与垂直火焰试验方法》GB/T 5169.16—2017，大屏幕的垂直燃烧性能达到V-0级，可不进行防火保护。

（4）室外屋顶既有钢结构构件在屋顶采用不燃装修材料、仅作为人员通行功能使用未设置固定火灾荷载且屋顶上人屋面楼板耐火极限1.50h的条件下，屋面以上部分可不进行防火保护。

三、典型做法

（一）注重分类管理，传承历史文脉

为保留工业遗产、延续城市历史文脉，对首钢园区工业资源进行评估分类，包括强制保留工业资源、建议保留工业资源、重要工业资源和其他可利用等工业要素。强制保留工业资源不得拆除，须保留建筑原有风貌特征；建议保留工业资源应尽可能保留建筑风貌的主要特征（包括结构、式样、设施和构件等）；重要工业资源鼓励保留原有建构筑物风貌的主要特征，鼓励局部保留及移位保留，也可将部分构件改造作为公共艺术品；其他可利用工业要素可全部或部分保留建构筑物，并植入新功能。

（二）结合建筑特点，开创改造路径

一高炉在功能确定和消防改造过程中，确定了工业建筑物和构筑物改造利用实施路径和工作流程，建立了构筑物改造利用的施工管理工作方案，针对项目设计不能满足现行国家工程消防技术标准要求的问题，开展了性能化设计，运用模拟实验等方式解决构筑物消防设计中的难题，并将此环节纳入工业构筑物改造审批模式，探索打通了解决此类技术难题的工作路径。

（三）加强过程服务，保证措施落地

一高炉改造项目施工的过程中，主管部门主动靠前服务，提供前期咨询和技术服务，加强对消防设施功能测试、系统功能联调联试等的指导，帮助建设单位提前发现存在问题。重点关注性能化方案设计中采用措施的实施情况，确保措施到位。对于在施工过程中发现的疑难问题，组织性能化方案设计单位进行现场指导和研判，并出具技术服务意见，探索建立了"前有性能化方案设计，后有性能化现场评估"的消防监管模式。

（四）建立工作机制，保障改造成果可持续

一高炉改造的最终落地，是区域工作机制部署和调度发挥作用的体现：各部门在建筑全生命周期运行中协调联动，保证结果互认、管理和服务可持续。在建设前期扎实做好主体选择工作，避免二次设计、二次施工。确保设计技术理念落地实施。针对特殊消防设计、消防设计中的技术理念，建立9方交底机制，在施工之前由主管部门组织建设、特殊消防设计、设计、施工、监理、消防施工、精装、使用单位共同对设计技术理念进行研讨，保障技术理念和改造措施的互认和落地实施。

（五）美观与实用兼顾，绿色建造与工业改造同行

一高炉改造项目坚持"功能引领、设计为源"目标，从特殊消防设计到最后投入使用的各环节都充分考虑了项目的功能、安全和美观三个要素，最终实现了美观性与实用性兼顾。此外，一高炉改造项目坚持走绿色发展道路，实现绿色建造与工业改造同行，其成功的实践促进了北京市地方性标准《既有工业建筑民用

化绿色改造评价标准》DB11/T 1844—2021的制定工作。这部标准成为全国首部针对既有工业建筑民用化绿色改造的评价标准，贯彻落实了国家和北京市绿色建筑最新的发展理念，有效引导了北京市既有工业建筑民用化绿色改造的健康发展。

四、改造成效

首钢一高炉·SoReal科幻乐园是集文化、科技、娱乐、消费于一体的全球首个全沉浸式太空探索主题科幻综合体，是面向全国的元宇宙沉浸式科幻互动线下入口，还是全球第一个将XR技术和工业遗存结合的国际文化科技乐园。

（一）消防安全方面

为保障一高炉改造利用项目建筑防火安全，项目参照现行国家消防技术标准进行改造。为解决一高炉由构筑物改造为民用建筑中国家工程建设消防技术标准没有规定的问题，一高炉项目通过性能化设计和数值模拟实验等技术方式，研究论证防火分区、防烟分区划分，科学布置消防救援设施，合理规划安全疏散路径，有效保障建设工程消防安全。此外，建设工程使用单位在施工阶段就参与项目消防设计，有利于工程建设阶段消防安全理念的传承贯彻。

（二）文化提升方面

高炉是钢铁企业的标志性符号。作为首钢老厂区的"功勋高炉"和具有浓厚历史印记的工业遗产，它是老一辈人的"浓缩回忆"，是"双奥"的"最美背景"，也即将是年轻人的"网红打卡地"，是吸引国际国内优质企业入驻首钢人才社区的"金名片"，是人们对美好生活的向往、突破空间阻隔的"新营地"。内部的功能区域划分，更是充分体现出在各种文化元素的排列组合下，激发新的灵感。以位于一高炉六层至七层（室外）的银河美术馆为例，包含银河美术馆及银河花园。借助高端科技去实现文化、艺术交流空间，可提供线上+线下、数字融合的现代艺术展示平台场地。在多重元素的加持下，首钢园区打造成为体验效果绝佳的"文化符号"（图2-11、图2-12）。

图2-11　一高炉主题秀场

图2-12　一高炉科技乐园

（三）经济效益方面

改造后的一高炉在2023中国科幻大会元宇宙产业峰会、2023北京科幻嘉年华启动仪式暨刘慈欣科幻作品《地球大炮》美学教育论坛、2023VR电子竞技国际大赛总决赛等活动中，凭借其超高空间、赛博朋克设计元素，结合现代灯光舞美技术，引起社会各界的关注。乐园中的沉浸式体验场景，能够让年轻主流消费者群体以全沉浸、

图2-13　室内效果

全感官的方式足不出户"畅游天下"，感知体会大千世界，实现虚拟空间中的"真实在场"，获得现实世界的补偿性满足。这些全新的创意消费模式在改善就业环境、激发市场活力方面发挥积极作用（图2-13）。

（四）社会效益方面

改造后的一高炉在2022年冬奥期间，为冬奥三村运动员娱乐中心提供XR体验及XR娱乐的设备设施，在国际赛事中向世界展示了国家的数字发展给民众带来了更丰富的娱乐休闲活动，让中国发展有了一个数字经济强国的"新名片"。首钢一高炉·SoReal元宇宙乐园启用后，辐射和带动毗邻极限公园、冰球馆等运动场馆，持续扩大后冬奥效应。作为"服贸会""科幻大会""电竞赛事等国际国内交流展示盛会"举办场地，着重打造了各类新型服务、创意服务、科技服务产业，引流优质企业注入首钢人才社区，打造文创产业人才创业基地。服务类、科技类、体育类也可相互助力、彼此融合，吸引一批国际国内知名首店入驻首钢园区六工汇商圈，"注入"新的"催化剂"元素，焕活全新产业。此外，一高炉在延续城市文脉、增强城市发展动力、带动首都经济腾飞、提高区域知名度等方面取得了显著成效，成为推动北京市数字经济走向新空间、拓展新市场的典范。

参考文件

1. 《北京市关于开展老旧厂房更新改造工作的意见》
2. 《新首钢高端产业综合服务区规划》

上海市
北京东路190号沙美大楼项目

一、工程概况

（一）改造背景

上海市北京东路190号沙美大楼位于上海外滩历史文化风貌区的一般建设控制地带，东临全国重点文物保护单位上海外滩建筑群，南近南京东路商贸圈，并与浦东陆家嘴金融贸易区隔江相望。沙美大楼于1921年建成，建筑为英国新古典主义风格，整体造型采用西洋古典的横三段式，檐口、山墙及窗间墙上有典型的巴洛克风格雕饰（图3-1）。沙美大楼2005年被公布为上海市第四批优秀历史建筑，保护类别为三类，是外滩第二立面城市更新的重要项目，已空置近二十年，且由于年久失修，大楼内原有特色历史装饰所剩无几，更带来了各种潜在的安全隐患。根据黄浦区政府关于北京东路地区城市更新产业发展的工作部署，沙美大楼启动了改造（图3-2）。

图3-1 沙美大楼历史照片

图3-2 改造前的沙美大楼

（二）改造概况

沙美大楼地上5层、局部6层，建筑高度23.85m，占地面积约900m^2，建筑面积约3600m^2，钢筋混凝土框架结构。2019年，建设单位对沙美大楼的历史要素、修缮情况、室内现状等进行了全面调研评估，确定大楼改造为商业和精品酒店的改造方案，并优化功能布局和机电设计。2020年6月，项目取得施工图审查合格证。2021年

图3-3　改造后的沙美大楼

9月，项目竣工验收合格，投入使用。改造后的沙美大楼完好地保护了其现存的各重点保护部位元素，恢复了重要的历史特色空间与装饰，在历史文脉传承、功能转型、消防安全和建筑品质等方面都得到了显著改善和提升（图3-3）。

二、改造的重点难点及应对措施

沙美大楼是上海市优秀历史建筑，保护利用的目标是传承历史文化、再现历史风貌，结合现代使用需求，制定合理的改造方案，保障建筑消防安全水平条件下，使沙美大楼重获新生。

（一）改造的重点难点

1. 建筑使用性质改变，消防改造难度大

房产证载明沙美大楼使用性质为办公楼，根据其优越的地理位置，改造后作为精品酒店及相关配套功能使用，与房产证上的使用性质不符，且建筑使用性质由办公改造为酒店，火灾危险性有所提高，消防改造难度大。

2. 建筑防火间距不足

沙美大楼建筑本体南立面和东立面为沿街主立面，与西侧钢筋混凝土结构建筑（根据现场建筑铭牌）间最小距离为4.38m，与北侧多层建筑间最小距离为3.04m，不满足现行消防技术标准要求（图3-4～图3-7）。

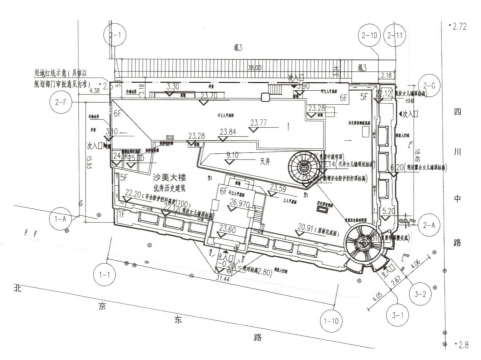

图3-4 沙美大楼总平面图

图3-5 大楼沿街主立面

图3-6 与西侧建筑间巷道

图3-7 与北侧建筑间巷道

3. 疏散楼梯间附设电梯不符合现行标准要求

原主楼梯为重点保护部位,封闭楼梯间形式,但楼梯间中部有一部电梯,楼梯间首层疏散门未向疏散方向开启,其余各层楼梯间的门为弹簧门,不符合现行规范要求。

4. 消防设施不完善

沙美大楼原先设有室内消火栓系统,但该系统技术落后、设备陈旧,效率和响应速度等与现行规范存在明显差距，且存在年久失修产生了设备损坏、管道生锈等问题，同时系统未能覆盖大楼的各个区域，存在盲区或死角。大楼缺少其他必要的消防设施，如自动喷水灭火系统、火灾自动报警系统等，无法满足现行消防技术标准的要求。

5. 新增设施设备影响室内装饰效果

增设消防设施设备及管线等影响室内空间品质，既要保护大楼的原有风貌又要增设必要的消防设施，改造难度较大。

（二）应对措施

1. 改造前后建筑使用性质变更的应对措施

2018年政府相关部门支持北京东路地区城市更新产业发展，成立黄浦区北京东路地区转型发展领导小组，原则同意沙美大楼的产业功能定位，要求主管部门在改造实施中加强监管，保护和提升并举。建筑由办公改造为酒店后，火灾危险性有所提高，故从控制火灾荷载和加强灭火救援两方面采取补强措施，具体如下：

（1）控制火灾荷载。酒店内部采用简约的装饰风格，部分空间直接将结构面裸露出来，凸显了大楼的重点保护部位和历史印记。除根据风貌要求复原大厅原有的木墙板装饰和墙面采用不燃材料基底外不再设置其他装饰，装饰材料的使用总量较少。同时，建筑内的装修材料及活动家具均采用不燃或难燃材料（如采用经阻燃处理的木板和织物等），火灾荷载较小（图3-8、图3-9）。

图3-8 裸露结构面，减少可燃装饰

图3-9 采用阻燃处理的木板复原大厅木墙板装饰　　图3-10 利用外阳台作为救援平台

（2）充分利用原有设施条件。大楼的每间客房均设有外窗，沿街客房都设有阳台，改造方案将建筑外窗、外门作为消防救援口，并充分利用现有阳台作为消防救援平台，便于火灾发生时救助被困人员（图3-10）。

2. 建筑防火间距不足的应对措施

沙美大楼的外墙结构及构造具有以下特征：

（1）外墙均为厚度不小于240mm的砖砌墙，墙体自身的耐火极限不小于3.00h。

（2）外墙上门窗多为钢质门窗，是火灾发生蔓延的薄弱部位。根据《上海市既有建筑改造再利用消防设计指南》（2021年版）第4.2.1条规定，相邻两座建筑相对外墙一侧为不燃性墙体且无外露可燃性屋檐，该侧外墙与相邻建筑正对部分外门采用甲级防火门、外窗采用A1.50（甲级）隔热防火窗时建筑防火间距不限，外门采用甲级防火门、外窗采用C1.50非隔热防火窗时建筑防火间距不应小于3m。针对建筑防火间距不满足现行消防技术标准的情况，将防火间距不满足要求的外门改造为甲级防火门，外窗改造为甲级防火窗（图3-11）。

外墙门窗洞口采取补强措施的同时，在建筑内部设置自动喷水灭火系统和火灾自动报警

图3-11 大楼北立面上的甲级防火门

系统等消防设施，做到对火灾"早发现、早处置"，提高发生火情时防控能力。

3. 疏散楼梯间附设电梯不符合现行标准的应对措施

（1）在保留原有风貌基础上，参考同时代铁栅电梯的轿厢样式，恢复铁栅电梯的镂空金属护栏，在镂空金属护栏内侧加设防火玻璃隔断，作为防火分隔措施（图3-12）。

（2）将建筑内部通向主楼梯间的疏散门改为乙级防火门，防火门样式按历史样式定制。

（3）根据《上海市既有建筑改造再利用消防设计指南》（2021年版）第4.5.9条规定，首层内开的疏散门在确保开启角度大于90°且在营业时间内保持常开时，可以作为安全出口。为保留原建筑风貌，首层疏散门仍保持原有样式（图3-13）。

图3-12　主楼梯间内的铁栅电梯

图3-13　楼梯间首层疏散门

4. 消防设施不完善的应对措施

大楼引入两路市政消防供水和两路供电，增设消防水泵房、消防控制室、自动喷水灭火系统、火灾自动报警系统、机械排烟系统，大大提升了沙美大楼的消防设施保障能力（图3-14、图3-15）。

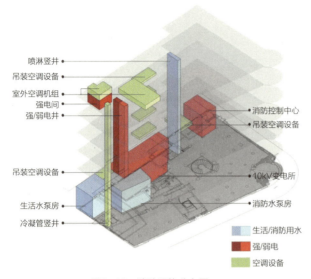

图3-14 消防设施分布图　　　　　图3-15 新增消防水泵房

5. 新增消防设施影响室内装饰效果的应对措施

考虑室内重点保护部位的保护要求、主要空间的高度和室内效果,在一层大厅、二层大厅、各层走道及靠近主要立面空间处不设吊顶。新增消防设施主要通过以下方式隐藏：

（1）在各层利用北侧楼梯附近空间设置竖向设备管井,水平向设备管线避开主楼梯间区域,完整保护该室内重点保护部位。

（2）设置消防喷淋侧喷,利用客房入口处卫生间区域布置设备管线并设吊顶隐藏,使得走道内不增加设备、不设吊顶,以露出原有天花线脚；房间内主要空间不增加设备、不设吊顶,以保持原有净高并露出原有装饰线脚（图3-16）。

图3-16 墙面安装侧喷,主要空间不设吊顶

三、典型做法

（一）创新机制有力保障项目推进

相关主管部门研究分析项目改造需求,因地制宜地进行风貌保护、建筑修复、结

构改造和重新利用，成立试点工作推进小组，统筹协调城市更新过程中既有建筑改造利用消防审验试点工作，发布《黄浦区范围开展既有建筑改造利用消防设计审查验收试点实施方案》，打通既有建筑改造中消防审验堵点，在兼顾城市更新同时守住消防安全底线。沙美大楼作为黄浦区既有优秀历史建筑首批试点单位，主管部门充分调动建设单位、设计单位、技术服务机构等能动性，充分发挥消防领域专家智力支持作用，形成推进外滩第二立面优秀历史建筑更新的有效工作机制。

（二）特色公共空间序列复原活化

设计恢复了底层大厅开放的公共空间格局，重现内天井的二层玻璃采光顶，并将内天井改造活化为一个共享中庭，屋顶改造为附属用房和屋顶花园，营造形成了绝佳的观景平台（图3-17）。

图3-17 修缮后的共享中庭

（三）疏散流线优化功能流线

修缮设计方案尊重历史原有的公共空间秩序，兼顾改造后功能及疏散需求。将南侧楼梯首层出入口改造为无障碍出入口并对楼梯首跑进行改造，改造后该楼梯可直通首层室内及室外空间，并借用原有室外楼梯作为安全疏散出口。参考同时代铁栅电梯的轿厢样式，恢复铁栅电梯的镂空金属护栏，并在内部加设防火玻璃隔断，提升消防安全性能（图3-18）。

图3-18 大厅旋转楼梯及修缮后的历史铁栅电梯

四、改造成效

沙美大楼作为上海市第四批优秀历史建筑之一，是上海城市历史和文化的见证。修缮工作使得这座建筑得以更好地保存，有助于传承上海的历史文脉，延续城市记忆。

（一）提升建筑防火性能，保障消防安全

本次改造根据沙美大楼新的使用需求，修缮加固建筑结构，完善消防疏散设计，更新补强消防给水设施、强弱电设施、暖通空调设备等，大幅度提升了建筑的消防性能，同时提升了街区的整体消防安全水平。

（二）传承历史文脉，延续建筑记忆

沙美大楼从金融建筑和公寓建筑转变为今天面向大众开放的公共建筑，从一楼的巴洛克式券门到二层的"外滩最美阳台"，充分融合了欧洲古典主义元素，每一处都散发着浓厚的古典气息，其蜕变与重生是新时代城市有机更新背景下的必然产物。从"独乐乐"到"众乐乐"，折射出的是时代、观念以及需求的变化，每扇钢窗都有回忆，每个阳台都有风景，这栋本身就矗立在外滩风景里的百年建筑，也将继续迎接新的风景、温暖更多的人（图3-19）。

图3-19　沙美大楼实景

（三）因地制宜设计，创造"上海时尚新标地"

尘封多年后，经修缮的沙美大楼于2021年装饰一新重新开放，引入万宝龙、Burberry、BMW、COS等众多品牌联名。从最新进驻的超酷酒吧到一位难求的云南Bistro，从百年复古铁栅电梯到楼层之间的艺术展陈，从变幻的城市客厅到楼顶的绝美露台，在保留原有重要历史空间前提下，沙美大楼以新的设计、新的业态与生活方式，开启了下一个百年的新篇章（图3-20）。

图3-20 沙美大楼活动照片

（四）焕活老建筑文旅新体验，提升新上海城市影响力

外滩第一立面即靠近黄浦江立面的置换已经完成，第二立面需要不断置换和更新，把老外滩更多资源置换出来，再通过保护修缮、转型功能定位，提升街区活力。修缮后的沙美大楼已经成为外滩区域新的旅游亮点，吸引万千游客前来打卡参观，从而带动周边旅游业发展，增加旅游收入。此外，沙美大楼为优秀历史建筑修缮提供了实物学习样板，通过修缮保护后的沙美大楼展现了上海这座摩登与历史融合的远东都市的优雅面貌，提升了上海的城市形象。

参考文件

1. 《关于北京东路地区城市更新和转型发展工作》
2. 《黄浦区范围开展既有建筑改造利用消防设计审查验收试点的实施方案》
3. 《关于启用〈上海市既有建筑改造利用消防设计指南(试行)〉开展消防审验试点工作的函》

江苏省
南京市浦口火车站片区项目

一、工程概况

（一）改造背景

南京市浦口火车站片区城市更新项目位于长江大桥和扬子江隧道之间，紧邻长江岸线。南京浦口火车站始建于1908年，占地面积20hm^2，于1914年正式开通运营，2004年停办客运。浦口火车站历史悠久，拥有许多历史的沉淀和记忆（图4-1、图4-2）。改造前由于常年闲置，浦口火车站部分建筑火灾频发、损毁严重，亟待整治、修缮（图4-3）。

图4-1　浦口火车站俯视图

图4-2　浦口火车站风雨廊

图4-3 建筑修缮前原状图

（二）改造概况

浦口火车站片区城市更新项目（浦口火车站站区及英式仓库区地块）位于长江大桥和扬子江隧道之间，占地3.2km²，入选南京市2022年经济社会发展重大项目计划及首批省级城市更新试点名单。

浦口火车站片区分批进行修缮改造，2021年开展片区第一期（启动区）改造工程的修缮建设（图4-4）。启动区占地约1.3hm²，总建筑面积约1.5万m²，总投资约2.4亿元，土地性质为商业用地，共有单体建筑20栋。工程主要内容为地块内历史建筑、传统风貌建筑的加固维修及保护利用，包括结构主体加固、风貌建筑的织补、室内外修缮，地块内的道路广场、景观绿化、亮化等附属工程，本次消防改造包含启动区全部建筑。截至目前，启动区除两处涉铁建筑未移交外，其余建筑及室外配套改造均已完成。

图4-4 启动区建筑平面示意图

二、改造的重点难点及应对措施

为了推进南京市城市更新进程中的历史文化街的改造利用,重塑百年老火车站新地标,实现历史文化延续和现代城市共融发展的目标,南京市从浦口火车站历史风貌区的特点及实际情况出发,明确历史风貌区的整体保护和利用的规划对策,提升片区整体消防安全水平。

(一)改造的重点难点

1. 部分建筑之间防火间距不足

由于启动区建筑建设年代早、建筑密度较大,且建设时期不同、无统一规划,故建筑之间的距离较小,大部分防火间距不满足现行规范要求,存在火灾蔓延的风险(图4-5)。如果按照现行规范的要求对建筑之间的防火间距进行改造,将违背保护地块的街巷格局和肌理要求,破坏整体风貌和历史文化价值。

图4-5 启动区内建筑防火间距不足

2. 消防车难以到达目标建筑附近开展灭火救援作业

启动区内部分区域因建筑密度大、街巷狭窄,发生火灾时消防车辆无法及时进入,影响消防救援工作开展。启动区所属的城市消防站距启动区边缘约500m,城市消防站的救援力量在5min内可到达启动区周边。由于启动区内部消防车道的条件限制,消防车难以进入街区内部,不能及时开展灭火救援作业。

图4-6 启动区内建筑

3. 历史建筑耐火等级较低，火灾风险高

启动区内建筑大部分为砖木结构，楼板、楼梯、屋架多为木质，耐火等级为四级，火灾风险较高，安全疏散难以满足现行消防技术要求（图4-6）。

4. 室外消火栓间距偏大

启动区内现有的室外消火栓数量较少、间距较大，难以满足《文物建筑防火设计导则（试行）》第5.4.6条"文物建筑防火控制区及设有室内消火栓的文物建筑防火保护区消火栓间距为30~60m，保护半径不大于80m"的要求。

5. 消防设施不完善

由于街区历史建筑均为早期建设，室内缺少消火栓系统、自动灭火系统、火灾自动报警系统、防排烟系统、安全疏散设施、应急广播和应急照明等。

6. 部分建筑内设有厨房，火灾隐患较大

部分建筑因使用功能需要（如酒店、民宿等），建筑内设有厨房，缺乏相应的消防设施及防火分隔，存在较大的火灾隐患。

（二）应对措施

1. 建筑密度大、建筑防火间距不足的应对措施

（1）设置防火控制区。为防止启动区内建筑及周边建筑火灾发生时蔓延扩散，依照《南京市历史文化街区及历史建筑改造利用防火加强措施指引（试行）》第5.1条防火控制区的设置要求，启动区外围利用大马路、纬三路、津浦路、临江路四条宽度大于6m的市政道路作为防火隔离带，将启动区围合为一个占地面积小于2万m^2

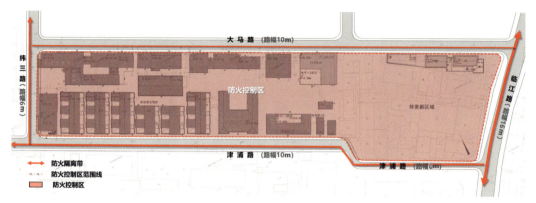

图4-7 防火控制区示意图

的防火控制区，以控制火灾波及范围（图4-7）。

（2）划分消防分区。参考《文物建筑防火设计导则（试行）》第4.1条相关规定，连片的文物建筑区域应保持文物建筑及其环境风貌的真实性、完整性，单个消防分区的占地面积宜为3000~5000m^2。消防分区宜根据地形特点，采用既有的防火墙、道路、水系、广场、绿地等措施划分。启动区在防火控制区范围内，将建筑划分为两个消防分区。其中消防分区1占地面积约3700m^2，消防分区2占地面积约2600m^2，以道路、水系、广场、绿地等防火隔离带进行分隔。消防分区两侧建筑参照《南京市历史文化街区及历史建筑改造利用防火加强措施指引（试行）》第6.3.3条防火组团之间的防火间距控制要求，隔离带宽度不小于4m，两侧建筑相对外墙上的门窗采用耐火完整性不低于1.00h的防火门窗（图4-8）。

（3）建筑单体间的防火间距控制。参照《南京市历史文化街区及历史建筑改造利用防火加强措施指引（试行）》第6.3条相关规定，对建筑间距不满足现行消防技

图4-8 消防分区

术标准之处采取防火加强措施：

1）①位置处5#楼为风貌建筑，耐火等级二级（暂未改造）。东侧为文物建筑，耐火等级四级，建筑间防火间距约2.8m，不满足标准9m的要求。采取如下防火加强措施：

a）5#楼设置火灾自动报警系统（装置）、自动灭火系统、电气火灾监控系统（装置）；

b）道路两侧建筑相对外墙上的门窗采用耐火完整性不低于1.00h的防火门窗；

c）楼面、屋面耐火极限不低于1.00h；

d）考虑到文物保护消防隔离带要求，5#楼远期改造应调整布局，控制东侧巷道净宽不小于4m，以满足微型消防车通行要求。

2）②、③位置处3#、4#楼为风貌建筑，耐火等级二级。南侧为文物建筑，耐火等级四级，建筑间防火间距约6m，不满足标准9m的要求（图4-9）。采取如下防火加强措施：

a）3#、4#楼设置火灾自动报警系统、自动灭火系统、电气火灾监控系统；

b）道路两侧建筑相对外墙上的门窗采用耐火完整性不低于1.00h的防火门窗。

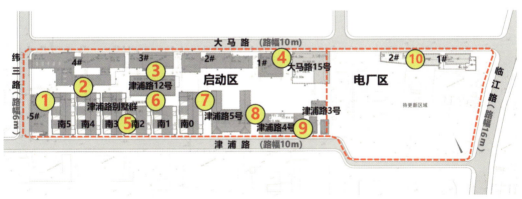

图4-9　建筑间距不满足现行消防技术标准之处示意图

3）④位置处1#楼为风貌建筑，耐火等级二级。东侧为文物建筑，耐火等级四级，相对墙面未开窗，建筑间防火间距约7m，不满足标准9m的要求。采取如下防火加强措施：

a）1#楼设置火灾自动报警系统、自动灭火系统、电气火灾监控系统；

b）道路两侧建筑相对外墙上的门窗采用耐火完整性不低于1.00h的防火门窗。

4）⑤位置处津浦路别墅群为文物建筑，耐火等级四级，现状建筑防火间距约2m，不满足标准12m的要求。考虑到现状已设有室内消火栓、自动喷水灭火系统、电气火灾监控系统，消防设施较完善，采取建筑之间相对外窗使用耐火完整性不低于1.00h的防火窗的防火加强措施。

5）⑥、⑦、⑧位置处津浦路5号、津浦路4号、津浦路3号，均为文物建筑，耐火等级四级，现状建筑防火间距均不满足现行标准12m的要求（图4-10）。考虑到现状已设有室内消火栓、自动喷水灭火系统、电气火灾监控系统，消防设施较完善，采取建筑之间相对门窗使用耐火完整性不低于1.00h的防火门窗的防火加强措施。

图4-10 建筑间距不满足现行消防技术标准之处示意图

图4-11 建筑间距不足示意图

6）⑨、⑩位置处电厂区1#楼为文物建筑，耐火等级四级，2#楼为风貌建筑，屋面为钢木结构，与1#楼毗邻，中间有防火墙分隔，不属于文保毗邻建筑，现状不满足规范要求（图4-11），采取防火加强措施如下：

a）2#楼设置火灾自动报警系统、自动灭火系统、电气火灾监控系统；

b）2#楼屋面耐火极限不低于1.00h。1#楼西侧墙面设为防火墙。此外，紧邻2#楼南侧为待更新建筑，应采取适宜的防火隔离措施。采取2#楼南侧待更新建筑与2#楼相对墙面采用防火墙和设甲级防火门窗的防火加强措施。

2. 消防车难以到达目标建筑开展灭火救援作业的应对措施

设置多层级消防车道，在一般消防车道难以到达的区域，确保小型消防车或微型消防车可以到达（图4-12）。各层级消防车道要求如下：

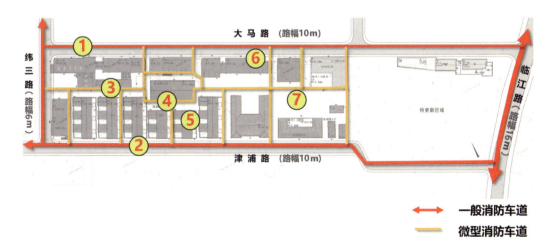

图4-12 消防车道设置示意图

一般消防车道净宽度及净高度不小于4.0m，小型消防车道净宽度不小于3.5m、净高度不应小于4.0m；微型消防车道净宽度及净高度不小于3.0m。

启动区的防火隔离带需满足一般消防车通行。地块内部建筑间增设微型消防车道，保证微型消防车通行要求。设置微型消防车道，建筑周边至少一条道路可供手抬机动消防泵通行。另外，在启动区内增设微型消防站，配备小型消防洒水车和消防摩托，进一步补充消防救援力量，提升整体消防救援能力和水平（图4-13）。

图4-13 增设微型消防站及相应设备

3. 历史建筑火灾风险大的应对措施

（1）建筑裸露的木质楼梯梯段底面刷饰面型防火涂料，确保满足0.25h耐火极限并定期维保。文物建筑消防分区防火隔离带两侧墙面设置耐火完整性不低于1.00h的防火门窗。

（2）在建筑保护要素允许的范围内，对可燃的结构构件采用喷淋保护，提高构件的耐火性能。

（3）严格控制室内装修材料燃烧等级。文物建筑中装饰装修材料的使用应控制火灾荷载，装饰装修材料的燃烧性能等级符合现行国家标准《建筑材料及制品燃烧性能分级》GB 8624—2012的规定；增设吊顶采用燃烧性能等级为A级的轻质材料，并根据吊顶材料重量对屋架荷载进行设计和计算；装修新增设备及其线路敷设不影响日后对文物建筑的维修、保养和使用；新铺地面与旧地面之间增设隔垫层保护，所用材料的燃烧性能等级不低于B_1级；当设置栈道、无障碍通道等设施时，所用材料的燃烧性能等级不低于B_1级。

4. 室外消火栓间距偏大的应对措施

根据《南京市历史文化街区及历史建筑改造利用防火加强措施指引（试行）》第5.5.2条规定，对室外消火栓采取加密措施。沿历史文化街区及可通行消防车的街巷均匀布置间距不大于60m、保护半径不大于75m的室外消火栓系统。启动区室外消防给水采用区域临时高压消防给水系统，在4#建筑地下一层设置消防水池及泵房，消防泵房内设室外消防提升泵两台、稳压设施一套，出水管在室外成环状布置，主管管径$DN200$，在环状管网上设地上式室外消火栓。地下室各出入口附近、消防车扑救面附近均设置室外消火栓，室外消火栓间距不大于120m、保护半径不大于150m。其水量、水压均满足园区内各栋建筑的室外消防用水需求。考虑到原室外消火栓间距和保护半径偏大，对该部分采取加密布置消火栓的防火加强措施。

5. 消防设施不完善的应对措施

（1）设置火灾自动报警系统

所有楼栋均设置集中火灾报警系统，在风机房、楼梯间、走道、电梯厅、配电间等处设置感烟火灾探测器，厨房等区域设感温探测器，满足现行国家消防技术标准要求。火灾自动报警系统具有联网功能，将现场的实时报警信息完整、准确、可靠地传送到消防控制室，火灾自动报警系统在确认火灾后启动防火控制区或防火组团内的所有声光报警器和消防广播。

（2）设置消火栓系统、自动喷水灭火系统

消防水源为城市自来水，消防水池及消防水泵房设在4#建筑地下一层。消防水池有效容积为540m³（分为两格），储存2小时室内外消火栓用水与1小时自动喷淋用水量。消防水泵房内设消火栓泵（室内、室外消火栓合用）：$Q=65L/s$（室内25L/s，室外40L/s），$H=65m$，一用一备；自动喷淋泵：$Q=30L/s$，$H=75m$，一用一备；水泵出水成环状管网布置，室外消火栓均匀布置在街区内，室内消火栓和自动喷水管网在街区内各栋建筑周围均预留给水接口。消防水量、水压均可满足街区各栋建筑消防用水需求。

（3）防烟系统优先采用自然通风系统。排烟系统优先采用自然排烟系统，对经营场所或其他设置自然排烟系统确有困难的场所，设置机械排烟系统时避免对历史建筑的破坏。

（4）所有建筑根据现行标准增加应急照明、疏散指示、应急广播等消防设施。

6. 部分古建筑内设有厨房火灾隐患大的应对措施

（1）厨房（燃气）靠外墙布置，并应采用耐火极限不低于2.00h的隔墙与其他部位分隔，隔墙上的门应采用可自行关闭的甲级防火门。

（2）使用可燃气体燃料时，应采用城市燃气管道供气，严禁使用罐装燃气。

（3）建筑面积大于150m²或座位数大于75座的饮食建筑厨房，其排油烟罩和烹饪部位应设置自动灭火装置，并按严重危险等级配置建筑灭火器。

（4）设置可燃气体报警装置及事故通风系统。

（5）厨房（燃气）及其燃气设施设置的场所需保证至少微型消防车可以到达并实施救援。

三、典型做法

（一）强化政策技术支撑，畅通片区更新路径

《历史文化名城名镇名村保护条例》规定："历史文化街区、名镇、名村核心保护范围内的消防设施、消防通道，应按照有关的消防技术标准和规范设置，确因历史文化街区、名镇、名村的保护需要，无法按照标准和规范设置的，由城市、县人民政府公安机关消防机构会同同级城乡规划主管部门制定相应的防火安全保障方案。"《江苏省消防条例》规定："历史文化街区、名镇、名村核心保护范围内的改造利用，设区的市、县（市、区）人民政府应当按照管理权限组织编制防火安全保障方案，作为管理的依据。"根据相关规定，南京市组织编制了《浦口火车站片区城市更新项目启动区防火安全保障方案》（下文简称《保障方案》），从浦口火车站历史风貌区的特点及实际情况出发，结合国家现行标准和规范对街区改造过程中的特殊消防设计进行专项分析研究，提出了切实可行的防火设计方案。《保障方案》在通过专家评审及相关主管部门审批后，作为启动区项目设计、施工、验收的"规范性"文件，是建设、消防、规划、文旅、公安等行政主管部门实施审批、管理的依据。

大多数历史建筑存在建筑耐火等级低、防火间距不足、消防水源缺乏、消防车道不畅、消防设施缺失等问题，受条件限制很多历史建筑活化利用项目无法达到现行国家消防技术标准要求。南京市印发《南京市历史文化街区及历史建筑改造利用防火加强措施指引》，使历史文化街区和历史建筑的防火设计、防火保障方案评审、消防审验及消防检查有据可依，进一步畅通综合类片区更新路径。

（二）设立微型消防站，进一步补充消防救援力量

为进一步补充消防救援力量，设置一级微型消防站1处，微型消防站面积80m²，消防站配备专业消防人员和专业设备，24小时值班，接警后3min内能够到达责任区边缘，便于快速出动对街区进行初期火灾的灭火救援（表4-1）。

微型消防站消防设施配置表　　　　　表4-1

消防车配备数量	移动式水带卷盘或水带槽	水带	水枪	灭火器	人员配备数量	消防员配备装备
2辆（小型消防车、洒水车、消防摩托车）	10盘	50～300m	2套	≥10个	≥6人	手持移动式对讲机、呼吸器、头盔、面罩等

（三）依托智慧消防，提高街区消防管理水平

结合片区内设置的消防控制室，搭建基于物联网的智慧消防监控管理平台。各类消防信息均接入智慧消防平台，该智慧消防平台通过信息处理、数据挖掘和态势分析，为街区的防火监督管理和灭火救援提供信息支撑，有效提高消防监督与管理水平，形成动态"预警式"的智慧消防管理模式。各类消防信息包括：

（1）建筑内火灾探测报警器的火灾报警信号，采用有线或无线传输的方式传输至消防控制室，视频图像火灾探测软件报警信号传输至消防控制室。

（2）消防水池液位信号、消火栓泵和喷淋泵的运行状态、水流指示器等信息，传输至消防控制室。

（3）建筑内消防广播接入消控室消防主机，发生火灾时，消控室值班人员可直接通过广播向受灾建筑喊话，及时通知人员撤离，降低事故损失。

四、改造成效

浦口火车站片区城市更新项目采用了一系列消防安全保障措施，极大提高了街区消防安全水平，民国风情和现代科技相得益彰，使这座沉寂已久的百年老火车站重新焕发新的容颜，提升了城市形象，拉动了地方经济（图4-14）。

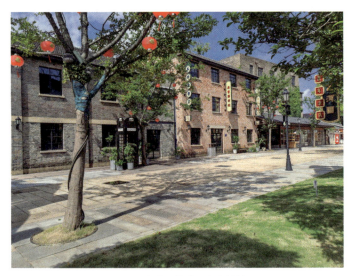

图4-14 改造后的浦口火车站片区

（一）消防安全方面

设定防火控制区、消防分区，在建筑之间采取防火加强措施控制火灾蔓延的范围，增设微型消防站、设定多层级消防车道、对建筑构件进行防火保护、在建筑内厨房采取防火加强措施并控制建筑内业态和装饰材料，完善启动区内消防设施，控制了火灾危险源，提升了消防救援能力，提高了片区建筑整体消防安全水平。

（二）文化提升方面

浦口火车站是中国唯一保存民国特色的百年老火车站，被列为中国最文艺的九个火车站之一。以津浦铁路线、浦口火车站浦镇车辆厂、浦口港为核心要素的江北地区交通类工业遗产区是南京重要的历史遗存，改造后的浦口火车站是近代南京实现跨江发展的重要见证，体现了历史文脉的延续与发展，塑造了对话世界的南京新客厅。

（三）经济效益方面

突出文化创意产业，依托火车站文化，招商引入了13家全国知名品牌，业态涉及文化展陈体验、文创商品零售、主题民宿、特色餐饮等，与滨江岸线、扬子江国际会议中心形成区域互动，打造了江北新区主题文化商业街区，成为浦口商埠的经济核心。

（四）社会效益方面

浦口火车站片区城市更新项目是南京江北新区产城融合示范区的重要依托和载体，也是南京城市历史脉络和"一江两岸"战略的双重节点，成为独具特色的文旅目的地和文物、文化、文创融合发展的典范项目，促进周边一体化发展，满足了片区城市形象迫切更新的需求，对于树立城市形象、提高城市品位具有重要意义。

参考文件

1. 《历史文化名城名镇名村保护条例》（2017年修订）
2. 《文物建筑消防安全管理十项规定》（文物督发〔2015〕11号）
3. 《江苏省消防条例》（2023年5月1日起施行）
4. 《文物建筑防火设计导则（试行）》（文物督函〔2015〕371号）
5. 《南京市历史文化街区及历史建筑改造利用防火加强措施指引（试行）》
6. 《浦口火车站片区城市更新项目启动区防火安全保障方案》

5 江苏省
南京市D9街区项目

一、工程概况

（一）改造背景

2018年，南京市玄武区为了优化城市从更新走向创新的发展格局与产业布局，由区属文旅集团以2.4亿元征收南京卷烟厂地块。2020年，以打造"长江路文旅集聚区"为契机，南京卷烟厂开启更新改造，积极探索挖掘城市低效载体潜力，引入都市产业经济，以创新模式促进产城融合，盘活存量低效工业用地，发展创新产业，建设创新载体。

项目基地500m范围内分布有国立美术陈列馆旧址、江苏省美术馆、江宁织造博物馆、六朝博物馆等艺术文化建筑和机构，距离东南大学四牌楼校区不到1km，具有形成浓郁设计、艺术和文化产业氛围的极佳优势（图5-1）。

图5-1　D9街区项目地理位置

（二）改造概况

南京D9街区前身为南京卷烟厂，位于南京市杨将军巷9号，东至碑亭巷、南至石婆婆庵、西至玄武医院、北至杨将军巷，紧邻总统府、江宁织造府等历史文化景区，占地面积约16000m²，总建筑面积约32000m²，本次改造面积约17600m²，共有8栋独立建筑（含1栋近代建筑），大部分建造于20世纪70年代和80年代，改造前为厂房、仓库、厂区办公楼（图5-2）。

图5-2　南京卷烟厂旧址

图5-3　D9街区项目改造后街景

原卷烟厂为厂房、仓库、办公建筑组成的工业厂区，随着厂区整体搬迁，厂房闲置，不仅浪费宝贵空间资源，也存在消防风险和隐患。2020年3月，为加快推进长江路文旅集聚区建设，根据当地统一部署对本项目进行重点打造。D9街区在建设过程中，保留了老烟厂原厂房、居民楼等建筑元素，融入了工业遗产、现代商业、创意设计等文旅元素，致力于打造集时尚、潮流、有趣于一体的文化娱乐商业街区。以老工业建筑为基础的厂区空间承载起新的功能和业态，为普通大众提供全新的生活方式，为旅游人群提供有质感、有温度、有生命力的公共文化旅游空间，并从杨将军巷9号这一地名中汲取灵感，将该项目命名为"D9"街区（图5-3）。

二、改造的重点难点及应对措施

根据南京市城市更新总体部署要求，将原南京卷烟厂改造为办公、文化、商业产业园，功能业态合法转换是改造过程中需要解决的首要问题。同时工业厂区与商业园区执行的消防技术标准差距较大，如何在充分利用原有资源的基础上，破解消防设计技术难题，也是本次改造的重要方面。

（一）改造的重点难点

1. 使用功能转换缺少政策依据

利用工业遗存赋能文旅消费，实现老城更新与产业创新发展相互融合迫在眉睫。存量时代的老城更新已不单单是载体出新，更多在于功能赋能、价值再现，其中最关键的是老旧工业建筑的使用功能转换问题。

2. 受条件限制，改造技术难度大

因老厂区建筑受平面布局、结构形式、周边道路制约，改造工作技术难度大。例如在原建筑开展原址改造，建筑耐火等级低、防火间距不足、消防车道难以成环、安全疏散难以满足需求、消防用水量不足、原消防设施（火灾自动报警系统、消火栓系统、自动喷水灭火系统、防排烟系统）无法满足使用功能的需要。尤其防火分区的调整、灭火救援窗的设置等问题成为建设、设计单位推进的重中之重（图5-4）。

图5-4 老烟厂原貌

（二）应对措施

1. 使用功能转换缺少政策依据的应对措施

南京市印发《既有建筑改变使用功能规划建设联合审查办法》，解决街区内既有建筑使用功能转换缺少政策依据的问题。通过扩大正面清单，优化负面清单，简化功能改变认定程序，使既有建筑改造更加适应新形势和新业态。如正面清单中，商业、办公建筑内部的业态调整或者互换，除开设商店、办公、酒店、旅馆、超市等，还增加了月子会所、托育机构、诊所等。这些业态只要符合城市规划要求、对周边无重要影响，不需要再去征求规划资源主管部门的意见，可直接到建设主管部门办理消防设计审查或消防验收备案。同时列出了8类负面清单，如未经批准擅自将非住宅改为住宅和酒店式公寓，将住宅改为严重影响周边环境的餐饮、宠物医院、棋牌室、健身房等，包括社区用房、农贸市场改作他用等。

《既有建筑改变使用功能规划建设联合审查办法》设置了函询清单，解决名词定义模糊、实践难以操作等问题，例如，利用既有建筑改为养老设施、租赁住房或历史建筑、文物保护建筑内部改造，改变现有功能的，无须办理规划许可。建设主体需在工程改造设计前提出函询，规划资源部门给出能否改造的意见，避免企业盲目投资，降低企业风险。

2. 改造技术难度大的应对措施

南京市制定发布既有建筑消防改造利用技术指南，对按照一定历史时期消防技术标准设计并已竣工投入使用的既有建筑改造项目，尊重历史客观条件，强化"物防"和"技防"，明确新旧消防技术标准的适用规则，作为消防设计审查验收的依据，结合改造范围、改造内容、功能转换等因素对既有建筑改造项目实施分类管理，鼓励在不降低原建筑建成时消防安全水平的前提下制定实施方案，为开展既有建筑改造提供了可行的技术路径。

D9街区项目每栋建筑按新功能重新配置消火栓系统、自动喷水灭火系统、火灾自动报警系统及排烟系统，其中8#楼体量最大，按商业建筑整体考虑消防用水量，室内、室外消火栓、喷淋用水量均按40L/s计算，将屋顶原有水箱改造为36m^3；在7#楼地下室将消防水池由一处增加到两处，总容积扩大到720m^3，以确保满足改造后业态的消防水量要求（图5-5）。

保留原厂区消防车道，为使街区消防车道与场外道路连通，拆除靠路边的厂区

图5-5 消防改造

图5-6 增设的室外疏散楼梯、能承受消防车碾压的不锈钢T台

配电房，清除原消防车道上的杂物。在场地北侧及东侧设置两个出入口与外部道路连通，场地东入口作为消防主通道，道路净宽净高均大于4m，转弯半径不小于9m，地面弹石及不锈钢T台均能承受消防车碾压（图5-6）。项目场地内部消防车道为尽头式，并设有回车场，回车场尺寸为12m×12m，设在7#楼南侧。改造扩大后的消防控制室设置在8#楼一层东北角位置。

每栋建筑根据改造前的建设情况及改造后的功能需求，定制消防设计改造方案，为商业产业园的整体消防安全性能提升提供支持（表5-1、图5-7）。

项目改造单体分述 表5-1

楼栋号	改造前状况	改造需求与引入业态	消防改造提升措施
1#楼（原配电房）	改造前为二层建筑，平屋面，砖混结构，建筑高度8.0m	此建筑与原厂区入口门房共同拆除（拆除面积411.69m²），在园区4#楼西边扩大改建新配电房	新配电房为一栋地上1层，高度6.0m，面积约54.85m²的平屋面钢结构建筑，外墙采用防火墙
2#楼（原卷烟厂办公、车间和仓库）	改造前为三层建筑（局部二层），坡屋面，建筑高度19.5m，结构形式为框架+排架	为满足园区的机动车停车需求，缓解周边地块停车压力，将此建筑原二层部分改造为一层机械停车库，屋顶改造为开放式景观绿化平台。建筑轮廓与原建筑物的外轮廓保持一致。该建筑三层部分改造后作为展示、办公使用	1. 为满足安全疏散在建筑西侧增设一部室内疏散钢梯； 2. 为满足屋顶景观平台安全疏散，在建筑南侧增加一部室外疏散钢梯； 3. 建筑内增设消火栓系统、机械排烟系统和火灾自动报警系统
3#楼（原卷烟厂仓库）	改造前为二层建筑，坡屋面，砖混结构，建筑高度9.17m	该建筑原为70年代改建建筑，为保留原有风貌，采用修缮方式进行改造。3#楼作为展示空间与2#楼连通	建筑内增设消火栓系统、火灾自动报警系统
4#楼（原锅炉房）	改造前为一层建筑（局部二层），结构形式为框架+砖混，建筑高度9.45m	该建筑混凝土框架结构部分，层高较高，改造后作为展示空间使用	1. 砖混部分，紧靠西侧围墙，改造为配电房，增加一部剪刀梯作为安全出口； 2. 建筑外立面采用泡沫铝新型饰面材料； 3. 建筑内增设气体灭火系统、自动喷水灭火系统、机械排烟系统、消火栓系统和火灾自动报警系统
5#楼（原厂房车间及生活用房）	改造前为四层建筑（局部二层），结构形式为框架+砖混，建筑高度23.1m	将该建筑改造为办公建筑	1. 在南侧增设一部室外钢梯以满足办公疏散需要； 2. 建筑内增设新风系统、消火栓系统和火灾自动报警系统
6#楼（原办公楼）	改造前为四层建筑（局部五层），结构形式为底层框架+砖混，建筑高度18.85m	由于场地西南侧缺少出入口，因此建筑一层局部打开，作为西南侧的人行出入口，增加与城市的连通性。本次改造该楼功能不变	1. 按现行规范要求改造了一部室内疏散楼梯； 2. 在6#楼与5#楼之间增加一部室外疏散钢梯； 3. 建筑内增设消火栓系统和火灾自动报警系统
7#楼（原空调设备用房）	改造前为地上二层地下一层建筑，框架结构，建筑高度10.05m	该建筑地上部分位于场地中心，为与5#楼、8#楼连通形成商业街区，该建筑在原有建筑基础上加建一层，建筑高度与5#楼统一，屋顶通过连廊与5#楼屋顶连通	1. 在建筑内设置剪刀梯作为疏散楼梯； 2. 在地下部分增设一处水池，水池总有效容积增加至720m³； 3. 新建一处泵房，泵房设单独楼梯直通室外； 4. 建筑内增设消火栓系统
8#楼（原卷烟厂车间）	改造前为四层建筑，框架结构	本次改造将首层改造为商业空间。由于东、南立面临城市道路，因此将建筑首层东南角打开，与城市空间形成互动，将人流引入园区内	1. 室外钢梯疏通修整； 2. 室内改造为商业内街形式，出口直通室外； 3. 靠建筑外墙设置消防排烟井和厨房燃气事故排风井； 4. 建筑内增设机械排烟系统、消火栓系统、自动喷水灭火系统和火灾自动报警系统

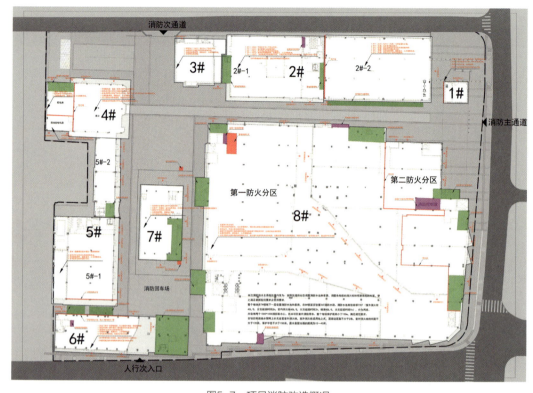

图5-7 项目消防改造概况

三、典型做法

（一）精准施策，化解难题

印发《既有建筑改变使用功能规划建设联合审查办法》，解决城市更新中既有建筑频繁改变使用功能的认定难题，方便改变使用功能的既有建筑改造项目办理消防审验手续，进一步激发城市存量建筑发展活力，助力城市有机更新。

（二）优化流程，靠前服务

住房城乡建设和规划资源等多部门密切协作配合，D9街区使用功能变更顺利认定，建设和设计单位精心筹划、谋篇布局，制定街区整体的改造方案，均以现行国家消防技术标准作为设计依据，保障街区消防安全。

（三）因地制宜，分类施策

坚持以项目需求为导向分类施策，依据旧厂区既有建筑的结构形式以及改造后的不同使用功能进行规划和改造，项目将原有的工业风格与现代元素融合，在街区的规划中，通过不锈钢、玻璃、多媒体等元素的融入，打造了科技感满满的老瓷画、百米不锈钢T台、旋转楼梯等设施，既满足消防疏散、防火性能等要求，又与街区潮流风格有机结合。

（四）专家论证，机构检验

通过专家论证的方式，针对疏散楼梯等安全出口数量和宽度不足的情况，制定增设室外疏散楼梯、增加室外连廊，建筑内增设机械排烟系统、消火栓系统、自动喷水灭火系统和火灾自动报警系统等方案，且靠建筑外墙设置消防排烟井和厨房燃气事故排风井，经第三方机构评估满足消防安全需求。

四、改造成效

改造后的D9街区，集休闲、研学、消费等多功能一体，成为南京小众化而不失气质、年代感而不失灵魂的现代城市人文点。街区是长江路文化和旅游集聚区内唯一的工业厂房改造项目，被列为南京市第一批城市更新试点项目，获得"水韵江苏·这里夜最美"之"十佳夜市"称号。

（一）消防安全有效提升

南京市发布《既有建筑改造消防设计审查工作指南（试行）》，为盘活利用旧厂区等闲置资源提供技术支撑，顺利推进街区既有建筑改造利用工程消防审验工作。本项目通过组织专家论证破解消防审验难点堵点，通过加建室内外疏散楼梯，增设挡烟垂壁、排烟窗和应急照明系统等措施，提升建设工程消防安全水平。

（二）历史文化有力传承

为了更好地体现出老厂房原有空间特有的时代背景和文化属性，在项目整体改造上，通过再现、挖掘老厂房的核心文化符号，保留了原厂房、居民楼、瓷壁画等标志性建筑，并在原有的基础上进行加固、修缮，让原厂房的建筑形态和气质得到了最大化的留存（图5-8）。

图5-8 烟厂文化留存

（三）经济收益大幅提高

D9街区是玄武区利用都市工业遗存打造的文旅消费项目，被评为"水韵江苏·这里夜最美"之"十佳夜市"。作为年轻人集聚的网红打卡地，带动周边形成经济繁荣圈，也为当地GDP增长做出了重要贡献（图5-9）。

图5-9 D9街区夜文化

图5-10　街区地标

(四) 城市影响力显著提升

以前，老烟厂是一个被称为"工业时代记忆"的老旧厂房，蜷缩在南京繁华闹市中，被视为"闲置资源""存量载体"。同处于长江路文化旅游集聚区，与一路之隔摩肩接踵、人流如潮的总统府、1912街区形成鲜明反差。经由南京市以新材料、新技术重塑街区空间，原本封闭的厂区被"打开"，配备有商业、办公、公共及配套等多功能业态，目前已彻底蜕变成为一个集工业遗产、文化旅游、现代商业、设计产业为一体的多元化的时尚综合体，实现了功能赋能、价值再现，成为一个在城市"进化"中发生了"功能新生"的典型样本（图5-10）。

参考文件

1. 《既有建筑改变使用功能规划建设联合审查办法》（宁规划资源规〔2021〕2号）
2. 《南京市既有建筑改造消防设计审查工作指南（试行）》

福建省
福州市三坊七巷安民客栈项目

一、工程概况

（一）改造背景

三坊七巷为国内现存规模较大、保护较为完整的历史文化街区，具有"中国城市里坊制度活化石"和"中国明清建筑博物馆"的美称。街区以南后街为中轴线，左侧的光禄坊、衣锦坊、文儒坊，为三坊；右侧的吉庇巷、宫巷、安民巷、黄巷、塔巷、郎官巷、杨桥巷，为七巷（图6-1）。

图6-1 三坊七巷布局图

图6-2 客栈所在安民巷

安民客栈项目位于福建省福州市三坊七巷安民巷30号（图6-2），原为曾氏民居，始建于明代，距今已有四百余年历史，占地面积过百亩，现今依然能够看到见证当年辉煌的古建筑遗存。为更好保护历史街区风貌，该酒店秉承中式传统建筑文化精髓，引入现代酒店文化元素新旧融合，体现了"大隐隐于市"的酒店文化（图6-3）。

图6-3 安民客栈入口处

（二）改造概况

三坊七巷历史街区在保护修复开发的过程中，立足于"谋篇布局再下笔"的原则，通过"政府组织、部门指导、地方调查、强强合作、专家领衔、公众参与"的工作机制开展规划编制，形成一套多部门、多专业、多渠道合作的项目运作模式，通过聘请专家对街巷保护修复工作全流程指导，对保护修复工程规划、建筑设计及工程质量方面严格把关，街区保护利用取得较好的效果。

三坊七巷安民客栈项目所在主体建筑为单层民用建筑，建设于明清时期，属于传统风貌建筑。建筑高度8m，以木构架结构为主。本项目改造前建筑主体于2011年8月进行了保护修复修缮（图6-4），经过多年闲置，2017年福州市研究同意作为酒店经营。该项目消防设计文件于2018年12月报原公安消防部门设计备案，未列入抽查名单，直接办理设计备案手续。工程按设计文件进行施工，2021年向当地消防验收主管部门申请消防验收备案，经主管部门综合考虑，根据《关于做好现阶段建设工程消防设计审查验收有关事项的通知》（闽建办消〔2019〕2号），将项目确定为百分百抽查项目。本项目装修工程面积约为1800m²，投资金额约30万元，装修后使用功能为酒店（图6-5、图6-6）。

二、改造的重点难点及应对措施

（一）改造的重点难点

三坊七巷内历史街区承载着珍贵的历史文化，由于年久失修、多种业态大量涌

图6-4　安民客栈改造前庭院照片

图6-5 安民客栈改造后室内

图6-6 安民客栈改造后庭院景观

入,使传统民居和古街风貌受到一定程度的破坏。街巷内消防设施不完善、火灾荷载较大等因素导致火灾隐患突出。为化解三坊七巷历史街区改造利用难题,福州市结合实际情况,积极探索,先试先行,为历史街区保护修复工作保驾护航。

1. 街区及建筑单体消防设施不完善

三坊七巷历史街区以现有乌山北坡高位蓄水池作为消防水池,容量约为3000m³,但因街区原市政给水管网老化,且供水管路距离过远,无法满足安民客栈消防用水量、水压的使用要求,街区尚未建立整体火灾自动报警系统。建筑内未设置室内消火栓系统、火灾自动报警系统等消防设施。

2. 疏散距离过长

该建筑主体为木质结构，按照现行规范规定耐火等级为四级。建筑为院落式布局，且平面设计多为袋型走道，按照规范规定安全疏散距离为15m。院落内部房间疏散距离过长，改造难度极大。

3. 基于传统风貌建筑保护需求建筑本体火灾荷载较大

该建筑为传统风貌建筑，根据当地文旅部门的有关要求，本项目原有建筑的梁、柱、墙体等构件被列为价值要素的，需保留原有构造形式及制式，不得随意拆除或损坏，建筑本体火灾荷载较大。建筑由民居改造为旅馆建筑，由非人员密集场所改造为人员密集场所，火灾隐患增加。

（二）应对措施

1. 街区及建筑单体消防设施不完善的应对措施

（1）增加消防水源

为保障后期三坊七巷历史街区消防设施完善后，安民客栈可正常接入使用，本项目消防水系统均预留接入街区环网的接口，可满足街区改造后期安民客栈内消火栓及喷淋的用水需求量。但考虑到安民客栈现状使用安全，在建筑第一进天井景观区域下，增设了一处埋地消防水池及一台潜水提升泵（图6-7），水池容量约50m³，有效保障初期灭火消防用水量。

图6-7　埋地消防水池造景

（2）完善建筑内消防设施

考虑到火灾自动报警系统、自动喷水灭火系统等对于木构建筑初期火灾扑灭的重要作用，安民客栈项目根据现行规范配备了自动喷水灭火系统及火灾自动报警系统，喷头采用快速响应喷头，在客房内设置感烟探测器（图6-8）。此外，本项目增设了应急照明疏散指示系统、室内消火栓等室内消防设施，消火栓设置在天井等亚安全区域，方便救援取用的同时，不影响原有建筑风貌。

图6-8　室内设置感烟探测器　　　　图6-9　客栈内区域消防控制器

（3）设置区域报警装置

安民客栈在建筑内设置了区域报警控制器，在客房内设置感烟探测器，能够在火情发生的第一时间感知报警，报警控制器安装在可直通室外的室内区域（图6-9），确保操作人员可顺利疏散至室外安全空间。

计划待街区消防控制中心建成后，将区域报警装置信号接入街区消防控制中心，强化区域消防安全监管能力。

2. 安全疏散距离过长的应对措施

（1）借助内天井作为安全避难空间满足疏散需求。

福州市六部门联合印发《福州市古厝消防设计导则（试行）》（以下简称《导则》），提供本地古厝消防审验技术支持。依据第5.3.1条规定，历史建筑及传统风貌建筑内天井可作为疏散通道中的临时避难空间，由建筑物围合成的内天井中，建筑外墙距外墙短边距离不得小于6m，且应直通室外；若内天井无法直通室外，应有疏散走道与相邻建筑相通。本项目共有2个符合要求的天井作为建筑前区安全避难空间（图6-10）。

此外，建筑后区及侧边有2个出口通往相邻院落，相邻院落间采用厚度为90cm、高出建筑屋面的马鞍墙进行防火分隔，通往相邻院落的门可视为安全出口。

（2）强化消防安全管理

安民客栈在建筑内多处显著位置配备消防安全疏散示意图，对入住旅客进行安全疏散告知，加强旅馆工作人员消防安全培训，及时清理疏散通道上的各种障碍

6 福建省福州市三坊七巷安民客栈项目

图6-10 安全避难空间

物,确保疏散通道畅通。按现行技术标准增设疏散指示标志和消防应急照明,定期维护保养,确保相关设施设备安全有效。在区域消防安全管理部门备案,从日常消防安全管理方面提高消防安全保障。

3. 建筑本体火灾荷载较大的应对措施

（1）选用耐火等级高的装修材料

严格控制装修材料耐火等级,除传统风貌建筑自身原有的梁、柱、墙体等为木构外,新增的墙体、隔断及相关装修材料均采用耐火等级为A级的材料,不增加原建筑主体的火灾荷载。严禁酒店内使用火灾危险性较高的物品,对有引发火灾风险的部位加强监管,落实24小时人员值班制度,做到对火情早发现、早处置。

（2）严格配电线缆选择

为了有效防止电气火灾的发生,严格把控建筑内部配电线缆的材料选择与安装。选材方面，专门选用了低烟无卤型线缆，能够减少燃烧时产生的烟雾和有毒气体，降低火灾时的二次伤害风险。在配电线缆安装方面，所有配电线缆均穿钢管进行保护，有效防止配电线缆发热引起的火灾。

三、典型做法

（一）精准施策，守牢消防安全底线

为确保街区保护修复工作有章可循、有法可依，福州市先后颁布了《福州市三坊七巷历史文化街区保护管理办法》《福州市三坊七巷历史文化街区古建筑搬迁修复保护办法》等一系列规范性文件，为街区文化遗产保护修复工作保驾护航。

福州市印发《导则》，结合古厝改造功能类型，从火灾风险评估、建筑内部装修等方面，明确高风险业态（餐饮、影院、商场、宾馆等）、低风险业态和居住建筑消防技术措施要求。本项目为延续三坊七巷历史文化街区历史风貌，结合建筑建成时特色，结合《导则》规定的安全避难空间做法，对于解决古厝建筑安全疏散等技术问题提供了一定的参考意义。

（二）因地制宜，将美观性与实用性相结合

消防改造过程中，兼顾考虑消防设施与周围环境的协调性和美观性。例如，喷淋管道喷涂与木制顶棚相同颜色的喷漆（图6-11），解决建筑中消防设施的美观性与实用性相统一的问题。

图6-11 喷淋管道实景图

（三）加强智慧消防应用，强化消防状态监控

安民客栈于酒店前台处增加火灾显示盘，酒店内发生火灾时，可第一时间报警通知酒店前台工作人员，强化酒店消防监管，加快群众疏散速度，有效提高消防安全监督管理水平，形成动态"预警式"的智慧消防管理模式。

（四）加强日常管理，有效控制火源

三坊七巷街区内存在大量连片式木结构建筑，一旦发生火灾，扑救难度极大。三坊七巷街区管理单位在日常管理过程中，严格动火作业管理、严禁使用明火，同时安排人员24小时值班巡查，从源头预防火灾。

四、改造成效

（一）大力提升建筑防火性能，保障消防安全

安民客栈装修改造后，配备了自动喷水灭火系统、火灾自动报警系统等主动防火设施，对于此类木结构建筑的初期火灾预防起到较好的防范作用，提升了建筑本体设防水平。场所配备疏散指示标识、疏散示意图等，帮助人员在火灾发生时及时逃生疏散，保障人员生命安全。

（二）有效传承历史文脉，延续城市记忆

本项目属于传统风貌建筑活化利用项目，是《关于进一步规范福州古厝消防安全管理的意见（试行）》发布后，第一座消防验收备案的传统风貌建筑，为福州市古厝活化利用消防审验工作提供了宝贵经验。并在保护古厝传统建筑风貌基础上，进一步激发了福州市历史文化街区的活力，传承坊巷"文脉"，让老建筑顺应时代发展要求，焕发新活力。

（三）有力激活文化活力，提升经济效益

安民客栈最大程度保持了原制式格局，让游客充分体验了八闽文化的深厚底蕴，也为海内外游客提供高端优雅浪漫的酒店住宿服务，助力福州现代文明都市形象，项目建成后，吸引了众多游客下榻入住，为街区旅游经济文化做出了重要贡献（图6-12）。

图6-12　三坊七巷实景图

参考文件

1. 《福州市三坊七巷历史文化街区保护管理办法》（2024年5月6日发布实施）
2. 《福州市三坊七巷历史文化街区古建筑搬迁修复保护办法》（榕政综〔2007〕134号）
3. 《关于进一步规范福州古厝消防安全管理的意见（试行）》（榕建消〔2021〕50号）
4. 《福州市古厝消防设计导则（试行）》（榕建消〔2021〕50号）
5. 《关于做好现阶段建设工程消防设计审查验收有关事项的通知》（闽建办消〔2019〕2号）

山东省
烟台市朝阳街项目

一、工程概况

（一）改造背景

山东省烟台市朝阳街历史文化街区坐落在美丽的烟台山脚下，依山傍海，坐拥风格迥异的古建筑群，基本保留了各个历史时期形成的街巷空间和港口岸线，距今已有近160年的历史，是国内保存最完整、最有特色、山东省内开埠最早的近代历史文化街区之一（图7-1）。

街区改造前，由于受到自然、人为等多方面因素影响，街区内老建筑均出现不同程度的残损，墙帽受损、墙皮脱落、地板腐烂等现象随处可见。通过对街区内既有建筑的保护和改造利用，实现文化、旅游、商业等各业态的有序整合，让朝阳街成为具有深刻意义的"烟台历史印记"城市名片（图7-2）。

（二）改造概况

烟台市朝阳街历史文化街区的具体范围北至烟台山下，包括海关街北段；南至北马路；东至解放路（除烟台山医院及路口高层办公地块）；西至广东街、海关街南段西侧约30m左右范围内的街坊（图7-3）。项目总占地面积17.75hm²，总投资约

图7-1　街区老街景

7　山东省烟台市朝阳街项目

图7-2　改造前后街区对比

图7-3　朝阳街国保保护范围示意图

7.25亿元，共分两期建设，一期工程于2021年投入使用，二期建设正在推进中。

为更好延续文化街区历史风貌，朝阳街改造升级过程中，严格保持街巷景观风貌特征和历史空间尺度，经过充分探讨，确定了保留、修缮、改造、微改造、部分拆除、改建等多种更新模式。对于街区内的价值要素，例如反映历史时期建筑特征的立面、构件等，遵循不改变原状的原则，修旧如旧，以存其真；对一般历史建筑，建筑外立面进行传统工艺修缮，建筑内部调整改造平面布局，消防设施设备加以补充配备；对与传统历史风貌冲突较大的一般建筑和临时搭建的建筑，则予以拆除，酌情改造为公园绿地等开放性共享空间。

二、改造的重点难点及应对措施

烟台市朝阳街历史文化街区改造，秉承"全面保护街区历史风貌、再造海港开埠文化氛围、开发街区商业旅游业态"的宗旨，突出各历史时期的近代开埠建筑风貌特色和街巷广场格局特征，综合考虑旅游发展与城市文化建设，以街区功能的丰富与更新再造和街区空间的保护与完善修补两方面为切入点，保障街区内建筑消防性能安全，实现历史文化街区的完美蜕变。

（一）改造的重点难点

1. 改造涉及部门多、技术标准依据不明晰

朝阳街历史文化街区中建于1949年之前的近代建筑总数约占45%，清末近代建筑演变早期的建筑保存较多。街区内大量文物建筑、历史建筑、传统风貌建筑共存，因职能分工不同，主管部门多，统筹协调难度大。历史文化街区、历史建筑等改造利用项目的消防设计尚无相关技术标准作为指导，若完全按照现行消防技术标准进行改造，对建筑原有风貌影响较大。

2. 建筑防火间距不足

街区内各个历史时期的建筑多为自发建设，因前期未进行统一规划设计，建筑间距小、密度大。除主街两侧建筑物的防火间距能达到6~12m外，其他街巷建筑防火间距均难以满足现行标准要求。若有火情发生，易造成火灾蔓延，存在较大安全隐患（图7-4）。

图7-4 建筑防火间距不足

图7-5 改造区域内原有建筑的耐火等级分布示意图

3. 建筑物耐火等级低

街区内建筑物结构形式多样，多为砖木结构、砖混结构等。砖木结构建筑外墙多为具有一定厚度的灰砖墙，楼板和屋面为木质结构，建筑构件难以满足现行标准对其燃烧性能与耐火极限的要求。街区内多数原有建筑的支撑柱为不外露木结构，梁为裸露木结构，根据现行消防技术标准规定，建筑的耐火等级多为四级（图7-5）。火灾蔓延主要以飞火和热传导为主，一旦发生火灾容易因木构架承重能力丧失而引发垮塌，造成人员财产损失。

4. 消防设施不完善

历史文化街区内市政给水管网老化，未规划独立的消防供水管网，未设置室外消火栓系统。建筑内均未设置室内消火栓系统、防排烟系统、火灾自动报警系统等消防设施，消防安全保障能力薄弱。

5. 安全疏散设施改造难度大

街区内建筑物楼梯多为木质结构，耐火等级低；疏散楼梯和安全出口数量、宽度等大多不能满足现行标准要求；多数建筑物存在安全疏散距离超长等问题。由于历史原因，部分建筑内仅设置一部木结构楼梯作为疏散楼梯，如果改造过程中严格按照两部疏散楼梯进行改造或设置1.4m宽的封闭楼梯间，将严重影响历史风貌。

6. 消防车难以到达目标建筑附近开展灭火救援作业

街区在福莱里街设有福莱消防救援站，有小型消防车2辆，出水量8t，辖区面积19km^2，福莱消防救援站距离朝阳街约2.4km。街区内低耐火等级建筑占比大，防火间距不足，街巷狭窄，可供消防车通行的道路净宽度不足，且普遍存在消防通道被占用的情况，消防车难以到达街区内部开展灭火救援作业。

(二)应对措施

1. 改造涉及部门多、技术标准依据不明晰的应对措施

烟台市建立"政府主导、企业实施、部门联动、统筹推进"的工作机制,建立项目指挥部统筹协调发改、财政、自规、文旅等多部门,由市级国有资本投资平台负责项目投资开发和建设运营。建立健全委员会互动机制,定期召开专题委员会会议,为项目顺利推进把脉护航。

为确保改造顺利开展,烟台市组织编制了《烟台朝阳街历史文化街区保护性改造项目消防设计评估报告》《烟台市历史文化街区建筑修缮设计导则》,为街区修缮设计、施工、验收提供技术支撑。消防设计方案由主管部门、科研院所、技术服务机构、应急管理等多部门联合把关,保障街区消防安全。

2. 建筑间防火间距不足的应对措施

根据街区和建筑特点,结合城市街道、水系、广场、绿地等天然防火隔离带或利用防火墙等其他有效防火措施进行防火分隔,将整个街区划分为7个防火控制区、50个防火组团(图7-6)。

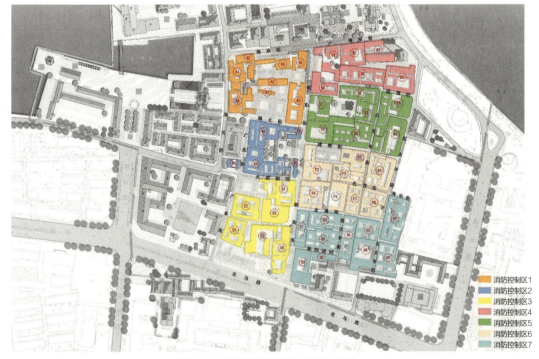

图7-6 防火控制区及防火组团示意图

每个防火控制区内建筑的总面积不大于20000m²（表7-1），每个防火组团内建筑的总占地面积不大于2500m²（表7-2）。针对街区内新建建筑、改造建筑及保留建筑的特点，按照2.5m、4.0m标度分档标定防火间距。防火控制区之间、组团之间等不同使用功能的场所进行防火分隔。组团间及组团内改造的历史保护建筑在获取文物保护部门的批准后酌情采取适宜的加强措施。

不同情况防火控制区防火分隔措施　　　　　　　　　　　表7-1

设置条件	具体措施
满足标准要求时	四周采用不小于6.0m的防火隔离带进行分隔
当防火间距不足6.0m时	采用防火墙进行分隔
两侧为文保建筑、历史建筑时	墙体采用不燃性墙体，门窗洞口处均设置甲级防火门窗或在门窗洞口处设置防火分隔水幕
一侧为文保建筑、历史建筑，一侧为新建建筑时	防火控制区周边的新建建筑朝向防火控制区一侧采用不开设门窗洞口的防火墙

不同防火间距情况下防火组团的防火分隔措施　　　　　　表7-2

防火间距d	具体措施
$d<2.5m$	（1）一侧外墙为不开门窗洞口的防火隔墙； （2）一侧外墙为带有不可开启或火灾下自动关闭的甲级防火门窗的防火隔墙，两侧开口错开布置，两侧普通门窗之间的直线距离不小于4.0m； （3）一侧外墙为防火隔墙，两侧开口部位设置防护冷却自动喷水系统或甲级防火门窗
$2.5m\leqslant d<4.0m$	（1）一侧外墙为不开门窗洞口的不燃性墙体； （2）一侧外墙为不燃性墙体，两侧建筑门、窗、洞口不正对开设且一侧采用不可开启或火灾下自动关闭的乙级防火门窗，两侧普通开口之间的直线距离不小于4.0m； （3）一侧外墙采用不燃性墙体，两侧开口部位设置防护冷却自动喷水系统或乙级防火门窗

3. 建筑物耐火等级低的应对措施

（1）结合街区内建筑现状和结构特点，对街区内原有建筑的耐火等级进行梳理和标定。按照《建筑设计防火规范》GB 50016—2014（2018年版）第5.1.2条有关建筑物相应构件的耐火极限要求，根据建筑物重要程度采取不同的应对措施（表7-3）。

针对不同类型建筑物采取不同的应对措施　　　　　　　　表7-3

序号	类型	具体措施
1	文保建筑	采取修缮方式，遵循不改变原状的原则
2	一般历史建筑	采用维修改善的方式，保留原有建筑外观形式、风貌特征、主体结构形式，建筑外立面按照传统工艺进行修缮、更新、改善
3	一般现代建筑	采取保留改造、拆除重建、拆除障碍建筑等更新方式

（2）严格控制可燃物的数量，控制装饰装修材料的燃烧性能等级，具体做法如下：

1）街区内改造建筑室内装修不得使用易燃材料，限制使用可燃材料。

2）楼梯间的顶棚、墙面和地面均采用不燃材料，饰面装修材料采用不燃或难燃材料。

3）疏散走道的顶棚采用不燃材料，墙面和地面采用不燃或难燃材料。

4）经营用房、办公用房的顶棚、地面采用不燃或难燃材料。

5）建筑外墙保温材料和装饰材料采用不燃材料。

6）街区内建筑为歌舞娱乐、放映游艺场所时，建筑内装修材料顶棚、地面采用不燃材料，墙面装饰材料及装饰织物采用不燃或难燃材料。

其中C23贰麻酒馆卫生间顶棚采用金属波纹板吊顶，包间顶棚采用木饰面或具有实木线条的不燃吊顶，地面均采用大理石材质，墙面采用瓷砖或涂料，以满足要求。

7）街区内建筑使用功能为民宿等类旅馆建筑时，房间内顶棚和墙面采用不燃材料。

其中A6克林顿饭店所有隐蔽木结构部分表面涂刷饰面型防火涂料。易燃表面、室内装饰织物须进行阻燃处理使其达到B_1级。所有的外露钢结构构件按照《建筑钢结构防火技术规范》GB 51249—2017的要求，采取外涂防火涂料等防火措施保证相关构件的耐火极限满足要求。LT4为钢结构楼梯，外刷防火涂料，达到不燃性，耐火极限≥1.00h。

8）建筑中的非承重外墙、房间隔墙和屋面板，当确需采用金属夹芯板材时，其芯材采用不燃材料。

9）建筑外墙广告牌、灯箱等材料的燃烧性能不低于B_1级且外窗处采用A级材料进行防火封堵，广告牌、灯箱等设置不连续围蔽。

4．消防设施不完善的应对措施

结合街区现状，合理增设了消防水源、消火栓系统、自动灭火系统、防排烟系统、火灾自动报警系统、消防应急照明和疏散指示标志、消防应急广播、消防控制室等，极大提升了街区的消防安全水平。

（1）消防水源

使用市政给水管网作为消防水源，满足两路消防供水和供水流量需求。街区采用区域集中临时高压给水系统，设有1座消防水池、消防泵房及消防给水管网。消防水泵房位置位于街区内一广场下方，室内消防水池有效容积为648m³。为确保街区发生火灾时具备足够的初期灭火消防用水量，在街区内某酒店屋面顶部增设高于规范有效容积要求的50m³高位消防水箱（图7-7）。

图7-7　高位水箱与室内消防设施

（2）室外消火栓系统

因街区内保护建筑占比较大，为保障整体消防安全性能，街区内建筑参考《文物建筑防火设计导则》的规定，设置间距不超过60m的室外消火栓，保护半径为80m。设置在主街道距离建筑外缘5~80m的市政消火栓也计入保护建筑的室外消火栓数量（图7-8）。街区内室外消火栓系统需采取可靠防冻措施，将室外消火栓

图7-8　室外消防管网

阀体总成安装在冻土深度以下，且阀体总成上部带有自动排水装置，在使用后关闭阀门总成后，自动排空上部管道内的消防用水。

（3）室内消火栓系统

因街巷狭窄，按现行规范要求分别设置室内消火栓系统、自动喷水灭火系统管网确有困难，经充分论证，部分建筑采用室内消火栓系统、自动喷水灭火系统合用消防水泵及管网系统的临时高压消防给水系统，部分建筑直接采用市政供水的低压消防给水系统。

建筑室内消火栓用水量参照《文物建筑防火设计导则》不小于25L/s。街区内消防管网可达区域的室内消火栓、消防软管卷盘、简易消防水龙均采用专门消防供水。消防管网的确难以到达区域，可采用市政管网供水。历史街区内采用市政管网供水区域不得设置歌舞娱乐放映游艺场所及民宿、酒店等旅馆建筑（表7-4）。

不同业态采用的室内消火栓方案　　　　　表7-4

序号	情况分类	具体措施
1	改造建筑中建筑面积不大于300m²的小型营业性用房或小型办公用房	设置室内消火栓，室内消火栓至少满足1股充实水柱到达室内任何部位，并建议设置于入户门附近
2	改造建筑中建筑面积大于300m²的营业性用房或办公用房	设置室内消火栓，室内消火栓需满足同一平面有2支消防水枪的2股充实水柱到达室内任何部位
3	文物建筑或历史建筑内设置室内消火栓后确影响人员流动或疏散的	可采用消防软管卷盘或简易消防水龙代替，其布置间距满足建筑内任一点2股水柱同时到达
4	歌舞娱乐放映游艺场所和民宿、酒店等旅馆建筑	建筑内每层均需设置室内消火栓，其布置间距满足建筑内任一点2股水柱同时到达

（4）自动喷水灭火系统

考虑街区内建筑多为木质结构，耐火等级低，火灾危险性高，街区内全部建筑增设自动灭火系统。街区内建筑均采用区域集中的临时高压消防给水系统，设计火灾危险等级为中危险I级。街区内采用分片区设置湿式报警阀的方式，每个湿式报警阀组控制的喷头数量不超过800个，统一按严重危险等级配置灭火器。

（5）火灾自动报警系统

结合街区内业态设置，增设集中火灾自动报警系统。消防控制室内设有集中火灾报警控制器，接收街区内所有区域报警控制器的信息。

（6）消防控制室

在街区建筑内增设消防控制室（图7-9），原建筑为木质结构，耐火等级低，

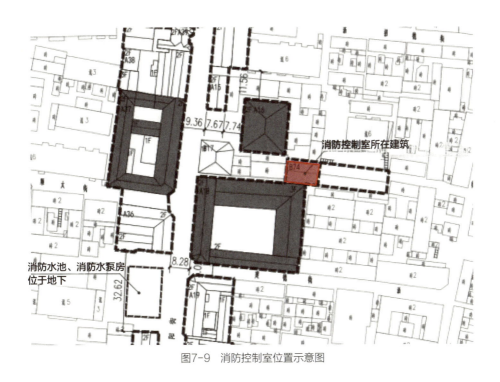

图7-9 消防控制室位置示意图

将消防控制室所在区域与其他部位分隔处楼板改造为混凝土楼板、墙体改造为砌块不燃墙体。改造后消防控制室与分隔区域的防火构造满足现行标准规范要求。

5. 安全疏散改造难度大的应对措施

（1）安全出口。为最大限度保护历史建筑原貌，利用建筑原有出入口及疏散楼梯作为疏散设施，并采取加强性管理措施，保障人员疏散安全。

（2）疏散楼梯。改造建筑内新增楼梯采用不燃材料，且楼梯净宽度不低于1.2m。为保护历史风貌，街区内历史建筑的室外疏散楼梯周边2m范围内带有门窗洞口时，替换为乙级防火门窗。

带有敞开式外廊且层数不超过2层的历史建筑，在敞开式外廊适当位置增设缓降器等疏散逃生辅助设施。当使用建筑内原有木质楼梯作为疏散楼梯时，在木楼梯下方设置防火板加岩棉的复合防火保护层，或在木楼梯上方加设自动喷水灭火系统（图7-10）。

6. 消防车难以到达目标建筑附近开展灭火救援作业的应对措施

（1）设置疏散安全区，选用消防摩托车以及其他合理型号的消防救援车辆，确

图7-10 楼梯改造前后对比图

保火情发生时,救援力量可第一时间深入火场进行扑救,避免火势扩大。

(2)街区内街巷狭窄,为保障历史文化街区内人员的整体安全疏散,设置若干区域疏散安全区,把街区内两侧建筑间距大于6m的区域、面积不小于169m²的广场和绿地等开敞空间认定为区域疏散安全区,且从街区内建筑的首层安全出口到区域疏散安全区的边缘距离不大于60m(图7-11)。

安全疏散区

图7-11 街区的区域疏散安全区示意图

（3）街区内设置消防应急广播设施，并在所有巷道内设置明确的指向邻近区域疏散安全区的疏散指示标志，火灾时引导游客迅速疏散。

（4）根据《城市消防站建设标准》（建标152—2017），消防站布置满足接到出动指令后5min到达责任区边缘的要求，在毗邻街区内部位置设置微型消防站，配置2辆小型消防车和2辆消防摩托车，方便快速对街区进行初期火灾的灭火救援（图7-12）。

图7-12 小型消防车和微型消防站

（5）街区内消防车通道分为三级（表7-5）：一般消防车道、小型消防车道、消防摩托车道（图7-13）。

消防车通道分级表　　表7-5

消防车通道类型	宽度	高度
一般消防车道	>4m	≥4m
小型消防车道	3m≤w≤4m	≥4m
消防摩托车道	2m≤w<3m	≥3m

消防摩托车道（2~3m）
小型消防车道（3~4m）
一般消防车道（>4m）

图7-13 消防车通道改造后布局示意图

（6）业态控制。对街区改造区域内的业态进行优化，控制火灾危险源。使用明火的餐饮及酒店布置在街区内消防车道边缘，厨房布置在建筑首层。营业性用房的商业使用功能设置在建筑的首层和二层。

三、典型做法

（一）统一谋划，加强组织领导

围绕朝阳街历史文化街区保护利用，创新"集中保护，连片利用"的"烟台路径"。按照街区特点，专班、专人、专家全时跟进，统筹编制街区规划方案，按照超前谋划、考古先行、跟进研究的思路，对街区内建筑物分类确定改造利用方案并组织实施。

（二）评估先行，出台指导文件

制定周密细致的工作方案，从前期鉴定及检测、优化消防设计方案、专家综合把关、加强运营管理与后评估四方面保障街区消防安全。街区保护工作开展前，先期组织对街区及内部建筑开展包含保护类别鉴定、结构安全鉴定、火灾风险鉴定、环境保护评估等内容的评估工作，形成《烟台朝阳街历史文化街区保护性改造项目消防设计评估报告》，为既有建筑改造方案和活化利用业态的确定、消防设计方案的编制提供基础依据和技术支撑。出台《烟台市历史文化街区建筑修缮设计导则》等技术文件，保障了历史文化街区消防安全水平，为街区建筑改造利用提供了科学有效的技术路径和操作依据。消防设计完成后由主管部门组织专家评审论证，经专家论证通过的消防设计文件，为改造片区（或单体）实施消防设计审查、验收、备案提供技术支撑。改造完成后，运营管理中严格落实消防设计的各项要求，定期开展使用后评估，根据反馈意见进行必要修正。

（三）因地制宜，美观实用融合

消防改造过程中，兼顾考虑消防设施与周围环境的协调性和美观性。例如，选用承载力强的仿古地砖，合理解决古街道修复与消防车安全通行的矛盾；疏散广场下设消防水池，利用消防水池通气管设置座椅（图7-14）。

图7-14 利用消防水池通气管设置座椅

(四)智慧消防,提高支撑能力

在街区内设置消防控制室,搭建基于物联网的智慧消防监控管理平台。各类消防信息均接入智慧消防平台,智慧消防平台通过信息处理、数据挖掘和态势分析,为街区的防火监督管理和灭火救援提供信息支撑,有效提高消防监督与管理水平,形成动态"预警式"的智慧消防管理模式。

四、改造成效

朝阳街历史文化街区改造利用采取切实可行的消防安全保障措施,在保护文物建筑基础上,打造"古街新生",突出历史价值,复原历史风貌,将烟台市民对老街区的情感与年轻一代对新潮文化的追求注入其中,让老建筑焕发新生,盘活使用价值,助力城市更新。

(一)传承历史文脉,延续城市记忆

朝阳街历史文化街区曾是17个国家的领事馆所在地,是烟台近代制造业的发祥地,是开埠百余年的光影浓缩,更是烟台历史和近现代发展的见证者。街区围绕开埠、红酒、非遗等主题元素,以中西合璧、万国摩登的风格将浓重的历史感与时代的新潮交融展现,维护并延续历史风貌,深入挖掘历史文化内涵,传承烟台"文脉",让老建筑顺应时代发展需求,焕发新活力,让游客愿意来、留得住、不愿走(图7-15)。

图7-15　领事馆旧址

图7-16　休闲娱乐打卡地

（二）创建消费集聚区，打造"文旅新高地"

朝阳街历史文化街区大力发展"首店经济"，引进多家国内一线品牌开设山东首店、烟台首店，同时增设网红花车丰富街区业态，带动朝阳街区夜间经济及整体经济的繁荣发展。自2021年开街以来累计接待游客530万人次，创造经济价值近8000万元，成功入选全省历史文化保护传承示范案例和国家级夜间文化和旅游消费集聚区，成为烟台市民、外地游客悠闲娱乐和观光旅游的最佳打卡地（图7-16）。

（三）擦亮文旅新名片，提升城市影响力

朝阳街历史文化街区的成功打造，推动优秀传统文化创造性转化、创新性发

展，延续城市文脉、增强城市发展动力，带动烟台经济腾飞，提高烟台市知名度，是烟台面向山东乃至全国的文旅发展新名片，有力助推烟台获批"国家历史文化名城"。

参考文件

1. 《烟台山–朝阳街历史街区修建性详细规划》
2. 《烟台市国家历史文化名城保护规划》
3. 《全国重点文物保护单位烟台山近代建筑群文物保护规划》
4. 《历史文化名城名镇名村保护条例》（2017年修订）
5. 《烟台朝阳街历史文化街区保护性改造项目消防设计评估报告》
6. 《烟台市历史文化街区建筑修缮设计导则》

山东省
烟台市亚东柒号文创园项目

一、工程概况

（一）改造背景

山东省烟台市是国家历史文化名城，也是一座因工业而强的城市。烟台市的化工新材料、船舶与海洋工程装备产业等入选山东省先进制造业集群，其工业产业发展水平和综合竞争力在全省乃至全国都名列前茅。随着经济的发展，一些传统产业逐渐衰落，导致原有厂房长期闲置，烟台市以全国既有建筑改造利用消防设计审查验收试点为契机，积极探索，让诸多闲置的旧厂区焕发了新生机。

亚东柒号文创园就是试点中较为典型的旧厂区消防改造利用项目。亚东标准件厂原为全国沿海14个开放城市所设立的开发区内第一家合资企业，成立于1985年7月，该项目"当年立项、当年签约、当年投产、当年见效"，是当时的明星企业。因产业升级，厂区于2013年后闲置，经过8年漫长的沉睡期，于2021年完成改造利用升级，"涅槃重生"为文创园（图8-1）。

图8-1 亚东柒号文创园改造前

（二）改造概况

亚东柒号文创园由原亚东标准件厂车间、厂房、办公楼、仓库等6栋旧建筑物改造而成，总投资约1.2亿元，改造分为两期，一期已投入使用，二期规划建设中。厂区占地约15000m²（约22.8亩），总建筑面积约16000m²，园区改造在工厂原址进行，于2019年9月开工建设，2021年9月通过竣工验收。该文创园改造工程将工业、

图8-2 厂区改造前鸟瞰图

图8-3 厂区改造后鸟瞰图

艺术、人文三大元素相融合,实施建筑、景观一体化改造,既实现了厂房改造利用,又保留了城市的工业记忆(图8-2、图8-3)。

二、改造的重点难点及应对措施

工业建筑与民用建筑相比,具有主体结构坚固,空间高大灵活,体量大、外观朴素等特点。针对不同群体对项目的使用需求,结合原有厂区内单体建筑的空间特征,制定合理的改造方案,实现既有资源利用最大化。

(一)改造的重点难点

1. 消防审验前置手续办理要件不全

该园区建筑多为工业建筑,为完善城市功能、丰富人民生活、盘活园区价值,在充分论证研究的基础上决定将园区改建为文化创意产业园。改造前的突出问题在于,建筑改造功能改变,缺少规划许可文件。

2. 工程改造缺乏技术指导文件

工业建筑与民用建筑的建筑性质截然不同,在总平面布局、平面布置、耐火极限、安全疏散、消防设施配置等消防性能要求方面存在较大差异,目前缺少有针对性的技术文件作为指导。

3. 厂区内既有总平面布局不满足现行标准要求

由于场地限制,改造工程与相邻既有建筑之间的防火间距、消防车道、救援场地等均难以满足现行标准要求,且拆改困难(图8-4)。例如改造工程与相邻既有

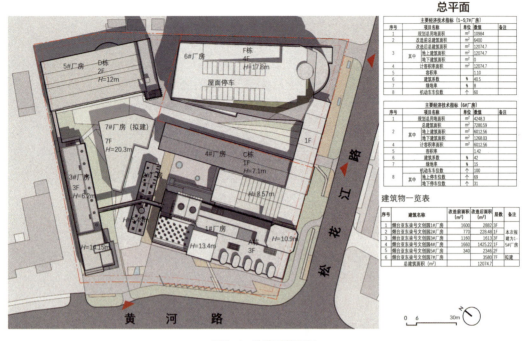

图8-4 改造后总平面

建筑之间的防火间距不能满足规范要求,若按现行规范执行,需要拆改厂房,经济效益偏低。

4. 安全疏散改造难度大

由于改造后建筑使用功能改变,原疏散楼梯的形式、疏散宽度、安全出口设置数量及位置等难以满足现行标准要求。因工业建筑与民用建筑在疏散宽度计算上有较大差别,若严格按照民用建筑技术要求,疏散出口与疏散楼梯大部分需拆除重建,不利于资源利用。

5. 建筑物构件的耐火极限和燃烧性能改造前后要求不同

原厂房使用了大量的钢结构构配件,且无任何防火保护措施,耐火极限无法满足民用建筑耐火性能要求。

6. 防排烟系统的土建竖井改造难度大

原建筑采用土建防排烟竖井,截面尺寸较小,现有条件下无法安装内衬风管,且改造难度大。

7. 增设消防设施难度较大

根据厂区既有条件,消防水泵房、消防水池和高位消防水箱等消防设施设备加设困难。若增加屋顶消防水箱的容积,会增大结构荷载,从而影响建筑结构安全。

8. 空间局促停车难

厂区由于当时的城市发展水平和车辆拥有量有限，在早期规划中没有充分考虑到停车需求，停车场的建设规模普遍较小。厂区改用商业使用后，功能变化导致车辆数量激增，车辆停放需求远超工业时期。同时，随着人们生活水平提高，汽车保有量迅速增加。改造后的厂区无法满足现有的停车需求，不利于商业盘活。

（二）应对措施

1. 消防审验前置手续办理要件不全的应对措施

为适应城市发展新目标新要求，主管部门着力创新工作机制，探索优化管理路径，联合有关部门共同制定出台《烟台市既有建筑改变使用功能规划确认工作规则》，明确既有建筑使用功能变更正负面清单，提出规划手续豁免制度。通过加强消防行政审批与建设工程规划审批管理衔接，为使用功能改变的建筑改造打通了审批管理制度障碍。

2. 工程改造缺乏技术指导文件的应对措施

烟台市旧厂区面多量广，存在改造难度大、社会需求高等现实问题。受现状客观条件限制，在改造过程中旧厂区工业建筑的消防设计难以执行现行消防技术标准。为顺利推进旧厂区改造利用，切实保障改造后旧厂区建筑的使用安全，保障旧厂区盘活利用的有效实施，烟台市组织编制《烟台市旧厂区改造利用消防设计审查技术导则》，对改造中的部分难点内容作出适当调整和优化。该导则为烟台市旧厂区改造提供了有力的技术支撑。

3. 建筑总平面局改造困难的应对措施

通过组织专家论证，针对项目现状条件，采取加强性保障措施，满足消防安全要求（图8-5、图8-6）。改造工程与相邻既有建筑之间的防火间距不满足现行标准时，按以下原则执行：

（1）若防火间距小于2.5m且两侧普通开口之间直线距离不小于4m，则至少一侧外墙应为防火墙。当建筑外墙上需开设门、窗、洞口时，应设置

图8-5 改造后4m宽消防车道

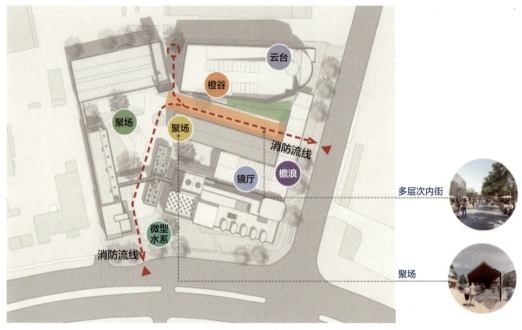

图8-6 消防车道设置

不可开启或火灾时能自动关闭的甲级防火门、窗,改造确有困难,可设置防火分隔水幕。

(2)若防火间距大于或等于2.5m且两侧普通开口之间直线距离不小于4m,则至少一侧外墙应为不燃性墙体。当建筑外墙上需开设门、窗、洞口时,应设置不可开启或火灾时能自动关闭的乙级防火门、窗,改造确有困难,可设置防火分隔水幕。

(3)对厂区进行立面更新和消防改造,场地内设置一条贯穿整个园区的消防车道,并有两处与城市道路连通的车道入口,确保消防车道符合现行标准要求。

4. 安全疏散改造难的应对措施

(1)增设防烟分隔措施,保留原有楼梯间形式。根据《烟台市旧厂区改造利用消防设计审查技术导则》规定,当建筑高度不大于24m的建筑,敞开楼梯间改为封闭楼梯间确有困难时,可采取如下补偿措施:敞开楼梯间与走廊之间设固定式挡烟垂壁进行分隔,根据具体功能位置分别采用防火玻璃与防火布。例如:E栋内结合圆形折线造型,采用透明的防火玻璃;A栋结合室内装饰,采用与装饰颜色相近的防火布。

(2)增设必要的安全出口。利用钢结构连廊连通屋顶平台,解决疏散问题。在疏散宽度不足的情况下增设室外疏散钢梯,喷涂厚涂型防火涂料,满足室外楼梯的耐火极限（图8-7）。园区内A栋、B栋、E栋之间采用室外连廊相连通，保证人员双向疏散。连廊采用钢结构承重构件，喷涂厚涂型防火涂料，满足1.00h耐火极限的要求（图8-8）。

（3）增设消防救援窗口。6#楼外墙设置消防救援窗口（图8-9），消防救援窗口的净高度和净宽度均不小于1.0m，下沿距室内地面不大于1.2m，间距不大于20m且每个防火分区不少于2个，设置位置与消防车登高操作场地相对应。窗口的玻璃易于破碎，设置在室外易于识别的明显标志。

图8-7　增加疏散用室外楼梯

图8-8　增设屋面连廊，借用屋面疏散

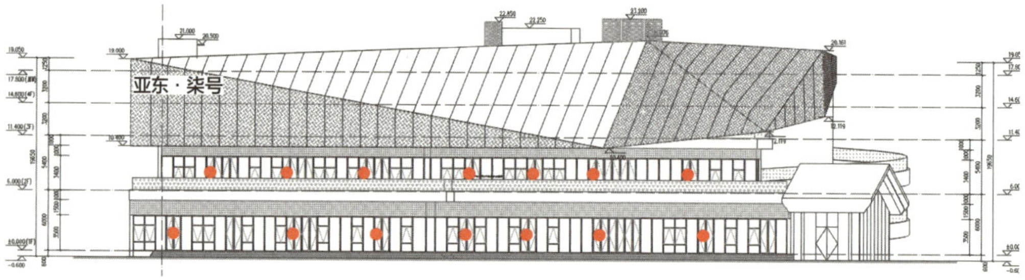

图8-9 设置消防救援窗口

5. 建筑物构件的耐火极限和燃烧性能改造前后要求不同的应对措施

钢结构构件严格按照现行标准喷涂防火涂料（图8-10），满足相应耐火极限要求，由第三方专业检测机构出具合格证明文件。

6. 防排烟系统土建竖井改造难的应对措施

根据《烟台市旧厂区改造利用消防设计审查技术导则》，原机械排烟竖井改造确有困难，可采用下列措施：

图8-10 喷涂防火涂料的钢结构楼梯

（1）原排烟竖井排烟量符合现行标准要求的，改造部分的消防排烟可接入原有排烟竖井，原排烟竖井可适用原标准。

（2）原竖向排烟系统排烟量不符合现行标准要求的，可以提高原有排烟竖井风速和排烟风机压头，使排烟系统负担的任一防烟分区排烟量均满足设计要求。

博物馆展厅和二层文创空间采用机械排烟方式，其他空间采用自然排烟方式（图8-11）。挑空空间除博物馆展厅外，其他区域保证空间净高在6.00m以下。

7. 消防设施不足的应对措施

该项目改造后的使用性质均为人员密集场所，其中包含电音主题酒吧、休闲娱乐和网红直播创业基地等歌舞娱乐场所，本项目设置临时高压消防给水系统，1#、5#、6#均采用临时高压的自动喷淋系统。室内增加必要的防烟排烟设施、室内消火栓系统、自动喷水灭火系统、火灾自动报警系统、应急照明系统等消防设施。

图8-11 机械排烟口和手动开启排烟窗

（1）变配电室、消防控制室、换热站均设在D栋一层，消防水箱间设在D栋屋顶层，水泵房在C栋北侧单独设置（图8-12）。

（2）分别从黄河路和松花江路引入DN150给水管，在室外形成环状管网，室内消火栓系统由泵房的消火栓加压泵加压供水，设两台加压泵，一用一备，水泵从厂区给水管网吸水。

（3）室外消火栓由市政供水，室外消火栓保护半径不超过150m，消火栓布置间距不超过120m。

（4）D栋屋顶水箱间设一座18m³消防水箱及稳压设备和附属设施，满足室内外消火栓系统的水压要求，出水管接至消火栓环网（图8-13）。

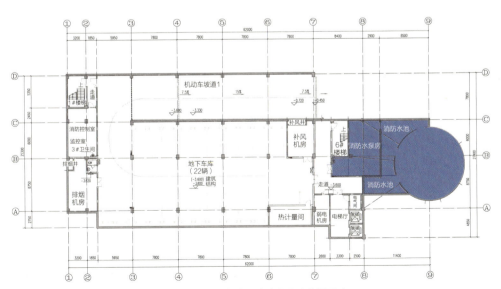

图8-12 消防水池、消防水泵房位置示意

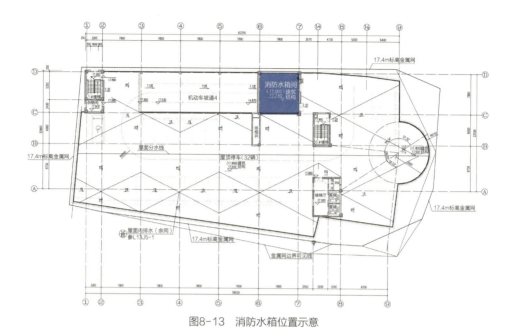

图8-13 消防水箱位置示意

（5）消防应急照明和疏散指示系统采用集中电源集中控制型系统。在楼梯间、前室、合用前室、疏散走道等场所设置应急照明和疏散指示标志。

（6）火灾自动报警系统采用集中报警系统，厂区统一设置消防控制室，消防控制室设有直接通往室外的安全出口。

8. 空间局促停车难的应对措施

新建建筑结合商业设置停车楼，1~2层商业价值较高划分为多个商铺，商业价值较低的地下及3层以上设置为停车场与设备间，在提高土地空间利用率的同时满足园区停车需求（图8-14）。

图8-14 新建商业停车楼

三、典型做法

（一）精准施策，化解难题

出台《烟台市既有建筑改变使用功能规划确认工作规则》，为项目改造功能认定难题提供政策依据，出台《烟台市旧厂区改造利用消防设计审查技术导则》，为烟台市旧厂区改造提供技术支撑，对于改造确有困难的重大改造项目，通过组织专家论证，形成消防改造方案评估意见，作为消防审验技术依据并在工程实践中严格落实。

（二）优化流程，靠前服务

制定出台《关于规范既有建筑改造工程办理建设消防手续有关事项的通知》等管理制度，强化消防建设施工全过程质量监管，为既有建筑改造提供质量安全保障。旧厂区改造利用不改变使用功能的，申请消防设计审查时可以使用前期建设工程规划许可文件；改为他用但不变更产权的，建立各区市政府组织相关部门会商机制，共同研究确定提交建设工程规划手续的条件和形式。旧厂区改造利用消防验收应以审查合格的消防设计文件为依据。

（三）因地制宜，分类施策

坚持以项目为导向，分类施策。依据旧厂区的竣工时间、结构形式和已取得相关手续的情况，以及改造后的不同使用功能，分批次建立项目库，分类改造。

针对涉及结构变动或改变使用功能的，向消防设计审查验收备案主管部门提供结构安全鉴定报告。由第三方专业机构进行建筑构配件耐火极限检测，并提供检验报告。

（四）精心设计，统筹兼顾

因地制宜进行整体设计，保留原建筑外立面红砖墙体，延续建筑历史文脉，厂房立面改造加装工业风风管造型装饰体现工业风格遗存（图8-15）。

图8-15 项目改造后街景

四、改造成效

本项目为烟台市经济开发区城市更新重点项目之一,改造立足厂区实际,在保障消防安全前提下,成功盘活闲置资源。一期园区建成后,先后吸引30余家商户入驻,出租率高达95%,建立统一运营管理平台,着力打造集展览、博物馆、主题餐厅、创意咖啡、休闲娱乐于一体的文创园区。

(一)全力保障了消防安全

为顺利推进既有建筑改造利用工程消防审验工作,烟台市出台系列政策技术文件,为盘活利用旧厂区等闲置资源提供技术支撑。本项目通过组织专家论证突破消防审验难点卡点,通过加建室内外疏散楼梯、增设挡烟垂壁、排烟窗和应急照明系统等措施,保障建设工程消防安全。

(二)有力地传承了历史文化

烟台工业博物馆由"亚东标准件有限公司"原螺丝钉加工车间改造而成,构建了"工业遗存+文化创意"新模式,打造了烟台特有的城市文化新景观,记载了烟台工业发展的华丽转变,成为烟台这座制造业强市工业记忆的新载体(图8-16)。改造后的工业博物馆先后承办新派油画、丝绸之路文献展等各类博览会,深化外向型经济,打造烟台对外开放新格局;成为适龄儿童体验老一辈烟台人积极探索精神的研学基地,传播烟台工业文明和传承工业历史文化的重要载体(图8-17)。

图8-16 "海纳百川"自攻螺钉艺术墙

图8-17 亚东记忆

（三）大力提升了经济效益

原厂区办公楼改造为餐饮，原锅炉房改造为餐饮文化体验馆及停车楼，原生产车间改造为主题酒吧，原厂区仓库改造为休闲娱乐和网红直播创业基地，解决当地500余人就业，改善就业环境，累计接待游客超90余万次，成为当地负有盛名的网红打卡地，带动周边形成经济繁荣圈，增加税收600余万元，为当地GDP增长做出了重要贡献（图8-18）。

图8-18　人头攒动的夜文化

（四）打造了一张新的城市名片

既有建筑改造利用消防审验工作以小切口解决民生大问题。园区内新配建6100m²立体停车楼和1500m²地下停车场，有效缓解了周边城区停车难题。以打造烟台文化品牌为着力点，发挥媒体传播与资源整合优势，提供食俗、阅读、音乐、文创等活态体验，打造数字文创基地、共享直播基地、文化研学基地。从工业园建立到文创园改造提升，这些新老建筑见证了烟台的城市发展与革新，承载了烟台人的工业历史记忆，打造了烟台崭新的城市名片。

参考文件

1. 《烟台市既有建筑改变使用功能规划确认工作规则》
2. 《烟台市旧厂区改造利用消防设计审查技术导则》
3. 《关于规范既有建筑改造工程办理建设消防手续有关事项的通知》
4. 《关于规范既有建筑改造利用消防设计审查验收工作的通知》

广东省
广州市永庆坊项目

一、工程概况

（一）改造背景

永庆坊历史文化街区始建于1931年，有广州保存最为完整的骑楼建筑群，片区内大多为建筑楼龄超过50年的岭南特色民居，周边有李小龙祖居、詹天佑纪念馆等具有岭南特色的历史建筑。片区内集聚了一批粤剧曲艺、武术医药、手工印章雕刻、剪纸、西关打铜、广彩、广绣等非物质文化遗产（图9-1、图9-2）。永庆坊作为具有历史文化保护价值的老旧小区，其建筑多为木结构或木结构混合建筑，耐火等级较低且防火间距不足，消防车道狭窄，消防安全水平亟待提升。为解决城市老化与消防设施落后等问题、保护和传承宝贵的文化遗产、提升居民生活质量，广州市推动了永庆坊历史文化街区的全面改造。

图9-1 永庆坊改造前街景

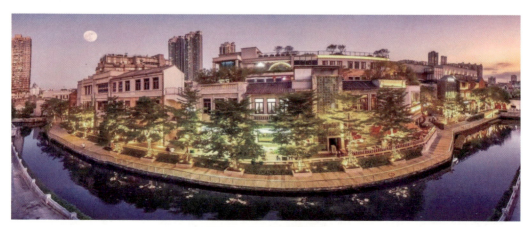

图9-2 永庆坊改造后街景

2018年10月,习近平总书记参观调研永庆坊时指示:"城市规划和建设要高度重视历史文化保护,不急功近利,不大拆大建。要突出地方特色,注重人居环境改善,更多采用微改造这种'绣花'功夫,注重文明传承、文化延续,让城市留下记忆,让人们记住乡愁。"广州市深入贯彻习近平总书记重要指示精神,采用微改造"绣花"功夫在永庆坊等历史文化街区深耕细作。通过实现永庆坊既有建筑活化利用改造,广州形成了一套解决既有建筑消防问题的管理程序,摸索出一套解决消防问题的技术措施,形成了解决历史文化街区老旧建筑改造利用消防难题的广州经验。

(二)改造概况

永庆坊历史文化街区位于广州市荔湾区恩宁路,东接上下九步行街,保护范围总面积为16.03hm^2,用地总面积11.37万m^2,原有建筑1352栋,共有居民2760户。具体范围为南至逢庆西约、土德二巷,经蓬莱路(含东南侧沿街建筑)至蓬莱正街、和平西路;北至荔湾涌(大地涌),与多宝路历史文化街区接壤;西至昌华涌,与昌华大街历史文化街区接壤;东至宝华路、大同路,与宝华路历史文化街区和上下九—第十甫历史文化街区接壤(图9-3)。街区内存在多种类型文化保护元素(图9-4)。

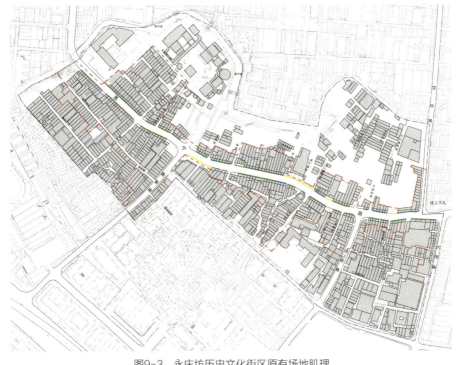

图9-3 永庆坊历史文化街区原有场地肌理

图9-4 永庆坊历史文化街区文化保护元素分布示意图

街区消防专项设计与实施采用的是整体规划、整体设计、整体验收的思路，分期实施（图9-5）。永庆坊一期改造于2016年完成，修缮维护建筑面积约7800m²，投入改造资金约8000万元；永庆坊二期于2019年实施改造工程，用地总

图9-5 永庆坊历史文化街区分期实施示意图

面积8.15万m²，改造总建筑面积约5.1万m²，总投资约10.7亿元，共分8个片区推进，分别为骑楼段、示范段、滨河段、粤博西段、粤博东段、金声段、吉祥段、多宝段。

二、改造的重点难点及应对措施

永庆坊历史文化街区拥有大量的历史建筑，其改造工作面临建筑防火间距不足、消防通道不畅、建筑本体耐火等级较低、消防设施不完备等共性问题。广州市以永庆坊为试点，同步开展历史建筑保护与活化利用的消防设计技术策略与审验流程的研究，通过提升建筑耐火性能、增强消防救援能力、补齐消防设施短板、技防人防相结合的综合监管等措施手段，探索破解消防审验难题的路径方法。

（一）改造的重点难点

1. 工程改造较难满足现行技术标准要求

街区内建筑改造类型复杂多样，结构类型多为木结构或木结构混合建筑，按照现行技术标准改造技术难度大，缺少有关政策技术指导。

2. 街区内建筑耐火等级较低、防火间距不足

街区内存有大量明清时期及解放前建设的建筑，多为3~4层砖木结构。建筑风貌、钢木结构构件和装饰构件被列为价值要素受到保护，不能拆除或改动。原有建筑耐火等级较低、防火间距不足，消防设施匮乏，一旦发生火灾，极易引发火灾蔓延。

3. 因街区肌理保护要求，消防救援及疏散难度大

永庆坊内街巷道狭窄曲折，街面为纵横交织的狭长青石板路，街区道路被列为历史保护价值要素，不可改动，大型消防救援车辆难以进入街区并及时到达火场，增加了消防救援难度；因街巷曲折，增大了人员火灾时疏散逃生的难度。

4. 因年代久远，消防设施缺失或老化严重

由于历史原因，永庆坊内许多既有建筑消防设施缺失严重，如消火栓、灭火器等基础消防设施配备不足。部分现有消防设施也存在老化、损坏等问题，无法有效应对火灾等紧急情况。

5. 因街区性质，消防安全管理难度大

永庆坊作为旅游景点和文化街区吸引了大量游客，在高峰时段人口密度极大，部分商家和游客对消防安全认识不足，缺乏必要的消防安全知识和逃生技能，日常消防安全管理难度大。

（二）应对措施

1. 工程改造较难满足现行技术标准要求的应对措施

为解决既有建筑消防审验审批难题，广州市多部门共同研究于2019年发布《广州市关于加强具有历史文化保护价值的老旧小区既有建筑活化利用消防管理的工作方案（试行）》（以下简称《方案》），《方案》对具有保护价值的老旧小区改造提出了加强防火、救援、管理的措施，有效指导了永庆坊历史文化街区的改造工作。广州市发布了《广州市具有历史文化保护价值的老旧小区既有建筑消防设计指引》（以下简称《指引》），为永庆坊片区改造消防设计提供技术支撑。在总结《指引》实践经验的基础上，广州市组织编制了地方标准《历史保护建筑防火技术规程》DB4401/T 109—2021（以下简称《规程》），于2021年发布实施。

2. 耐火等级低、火灾蔓延风险大的应对措施

通过划分防火控制单元和防火组团，控制火灾蔓延。结合城市街道、水系、广场、绿地、防火墙等防火隔离带或其他有效的防火措施进行防火分隔，把街区划分为防火控制单元和防火组团，提升建筑耐火等级与新增防火分隔。

（1）划分防火控制区和防火组团。永庆坊历史文化街区结合防火隔离带共分为4个防火控制区（图9-6）。防火控制区面积不大于20000m²，防火控制区四周设置宽度不小于6m防火隔离带。防火隔离带兼顾防火隔离和避难疏散通道等功能。

防火控制区内进一步划分若干防火组团，单个防火组团内建筑占地面积总和不大于2500m²。当组团内存在耐火等级低于一、二级的建筑时，防火组团内建筑占地面积总和按其实际耐火等级进行加权计算。永庆坊历史文化街区共有14个防火组团（图9-7）。

（2）明确耐火等级和防火分隔措施。明确新建建筑及改造建筑的耐火等级均不低于二级。当新建、改造建筑与周围住宅建筑贴邻时，采用耐火极限不低于2.00h且无门、窗、洞口的防火隔墙和1.50h的不燃性楼板完全分隔。对于贴临建造的建筑，相邻单元外墙上开口之间的墙体宽度小于1.0m时，在开口之间设置突出外墙

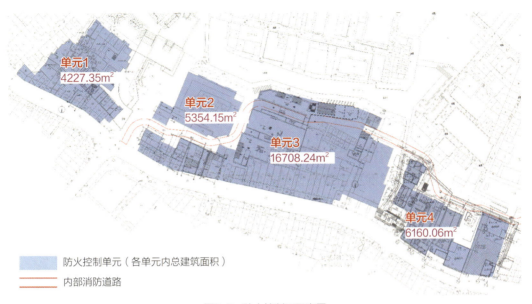

图9-6 防火控制区示意图

图9-7 防火组团示意图

不小于0.6m的分隔墙体。

（3）结合不同防火间距制定技术措施。新建建筑之间的防火间距按现行国家工程建设消防技术标准执行。新建建筑与改造和既有建筑之间的防火间距执行现行国家工程建设消防技术标准，确有困难时，通过设定火灾场景下火灾蔓延和烟气运动模拟，计算不同防火间距下相邻建筑物外墙所受的最大热辐射强度，根据计算结果，将防火间距分为≤2.5m、2.5~4.0m和4.0~6.0m三档，分别提出应对措施，新建建筑和改造建筑内全部设置火灾自动报警系统和室内消火栓系统。

（4）控制经营业态及火灾危险源。对街区改造区域内的经营业态进行优化控制，餐饮及酒店的经营业态设置在消防车道边缘的建筑中。小型营业性用房中商业使用功能限制在建筑的首层和二层。街区内不设置高压燃气管线、燃气调压站，确需设置时，设置在远离建筑且相对独立的安全区域。使用燃气的建筑，其耐火等级不低于二级，并靠近消防车道设置，严禁在新建和改建建筑内使用液化气瓶（图9-8）。

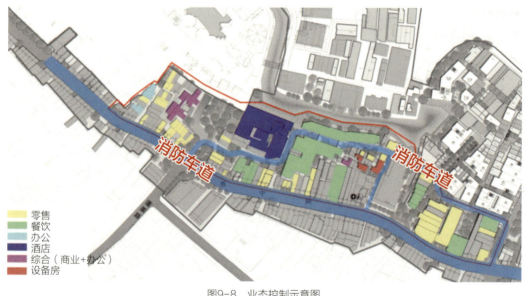

图9-8　业态控制示意图

3. 消防救援及疏散难度大的应对措施

（1）设置有利于防火救援的加强措施。疏通传统街区肌理，增设多类型消防车道（图9-9）。项目对街区周围及内部的道路进行梳理，配置一般消防车道（宽度大于或等于4m）、小型消防车道（宽度在3~4m之间）、消防摩托车道（宽度在2~3m之间）等多级消防通道，消防通道兼顾消防救援和避难疏散通道的功能。

打通辐射全区的主要消防车道，新增消防回车场，以便消防车进行转弯掉头，在新增消防车道南端的坡道上设置道路防滑条，解决大坡度对消防车行驶的影响。为保护街区的街巷格局和肌理，街区内部分保留建筑之间、保留建筑和新建建筑之

图9-9 消防通道示意图

间存在难以满足防火间距的困难,消防车道必须尽量靠近建筑物设置。在无条件靠近消防车道时,建筑首层的安全出口距最近消防车道的行走距离不大于50m。

(2)设置疏散安全区。将街区内两侧建筑间距大于6m的区域、面积不小于169m²的广场和绿地等开敞空间认定为区域的疏散安全区(图9-10)。街区内建筑的首层出入口到区域疏散安全区的边缘距离不大于60m。在巷道内设置指向附近区域疏散安全区的疏散指示标志、障碍警示标志和消防应急广播设施,引导游客紧急情况下迅速疏散。

(3)明确旧建筑只设一个疏散安全出入口的条件。对于总面积300m²以内,每层建筑面积不大于150m²的小型营业性用房或小型办公用房,每个单元之间耐火极限不低于2.00h时,可允许只设置一个消防安全出口或疏散门。

(4)采用多种方式满足消防疏散要求。采用外挂楼梯通往地面、利用相邻屋面进行疏散、控制使用人数等方式,确保改造整体满足消防应急疏散要求。

(5)设置自动喷水灭火系统延长疏散距离。该建筑设置至少三边封闭的楼梯间,该楼梯间直通屋顶上人屋面或露台(图9-11),并设置缓降设施。

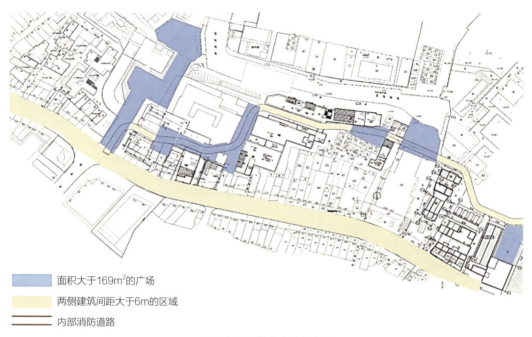

■ 面积大于169m²的广场
■ 两侧建筑间距大于6m的区域
▬ 内部消防道路

图9-10 疏散安全区示意图

图9-11 采用多种方式提高应急疏散能力

4. 消防设施缺失或老化严重的应对措施

（1）完善消防水源配置。市政管网供水满足两路消防供水条件并满足室外消防给水流量需求，街区内设有1座容量为486m³的消防水池满足室内消火栓和自动喷水灭火系统的用水要求，在荔枝湾涌贯穿项目内部充分利用自然水源保障消防用水，设置2处消防取水点。

（2）按要求配置室外消火栓。采用低压消防给水系统，街区内的室外消火栓系统按规范接市政管网，对于街区内部改造的消防管网，室外消火栓的间距按50m设置，保护半径为80m。

（3）按要求配备室内消火栓系统。采用区域集中的临时高压消防给水系统，室内消火栓干管$DN200$，消防管网最远端距消防水泵房的距离不超过1200m。水泵房内设置一组室内消火栓供水泵，一用一备，一套消火栓稳压泵组。按要求设置覆盖全区的室内消火栓，对于改造建筑中建筑面积不大于300m²的小型营业性用房或小型办公用房设置室内消火栓，室内消火栓应至少满足1股充实水柱到达室内任何部位，并设置在户门附近；对于改造建筑中建筑面积大于300m²的营业性用房或办公用房设置室内消火栓，室内消火栓应满足同一平面有2支消防水枪的2股水柱充实水柱到达室内任何部位。对于商业的新建和改造建筑内配备消防软管卷盘或简易消防水龙。

（4）按要求配备自动喷水灭火系统。街区的自动喷水灭火系统与室内消火栓系统合用消防水池及高位消防水箱。水泵房内有一组自动喷淋供水泵，一用一备，一套自动喷淋稳压泵组。按要求设置覆盖全区的自动灭火系统，对于防火间距难以满足规范要求的建筑设置自动喷水灭火系统，对于改造建筑中建筑面积不大于300m²的小型营业性用房或小型办公用房，当安全疏散距离难以满足22m的要求时，设置自动喷水灭火系统。

（5）按要求建立覆盖全区的火灾自动报警系统。要求所有经营性和办公用途修缮建筑内均设置火灾自动报警系统，私有产权的住宅建议配置带远程传输功能的独立式火灾探测报警器，街区建筑内设电气火灾监控系统，使用燃气的厨房内应设置燃气报警探测器。街区内视频监控系统联网并加装视频图像火灾探测软件，作为火灾探测报警的补充。

（6）按要求配置覆盖全区的灭火器，文物建筑、历史保护建筑内按严重危险等级配置灭火器，用于商业、展示、餐饮和旅馆（包含民宿）的新建和改造建筑内按

图9-12 增设灭火器

严重危险等级配置灭火器，用于办公的新建和改造建筑内按不低于中危险等级配置灭火器（图9-12）。

5. 消防安全管理难度大的应对措施

街区在芙裳坊2-4号建筑内设置微型消防站。该位置毗邻内部消防车道，方便快速出动对街区进行初期火灾的灭火救援。建筑内火灾探测报警器的火灾报警信号，采用有线或无线传输的方式传输至消防控制室。街区内的室外消火栓和室内消火栓设置智能水压检测系统，采用无线传输的方式把消火栓压力信号传输至消防控制室。此外，消防水池液位信号、消火栓泵和喷淋泵的运行状态、水流指示器、电气火灾监控器的报警信息和故障信息等信息传输至消防控制室。各类消防信息均接入基于物联网搭建的智慧消防监控管理平台。该智慧消防平台通过信息处理、数据挖掘和态势分析，为街区的防火监督管理和灭火救援提供信息支撑，可有效提高消防监督与管理水平，形成动态"预警式"的智慧消防管理模式。

三、典型做法

探索破解历史文化街区、老旧小区活化利用消防审验管理难题是一项提升群众安全感的民生工程。广州市通过永庆坊片区改造利用，尝试建立既有建筑改造利用消防审验工作机制，简单概括为："一个工作方案、一部地方标准、一批审验案例"。

（一）制度先行，出台工作方案

为更好实现历史街区及历史建筑保护好、活化利用好的工作目标，2019年广州编制了《方案》和《指引》。《方案》明确了各部门职责分工，提出了加强消防监管的措施手段，辅以加强管理措施降低火灾风险；明确以规划手续和论证意见作为开展消防设计审查验收工作的前置条件；《指引》通过采取性能化补偿等措施，达到不低于现行工程建设消防技术标准要求（或与之相当）的技术要求，保障了消防安全水平。

（二）统一标准，解决技术难题

既有建筑改造普遍存在建筑防火间距不足、消防通道不通畅、建筑耐火等级偏低、消防设施不足等共性问题，难以满足现行消防技术标准要求。广州市在总结《指引》实践经验基础上组织编制了《规程》，进一步明确了消防改造技术措施。

（三）改造评估，保障消防安全

由于永庆坊一带多为清末和民国时期的建筑，年代久远，部分图纸资料灭失，项目在改造实施前开展了火灾风险评估工作。消防设计分别从区域消防安全布局、区域公共消防设施、消防救援力量、建筑防火领域、建筑消防设施、智慧消防和消防安全管理等方面提出消防优化设计方案。组织开展评审论证，并以规划手续和论证意见为前置条件，开展消防设计审查、验收和备案工作。

（四）指导实践，形成一批案例

永庆坊一期、二期工程顺利完成消防审验审批，最大限度保护了历史保护建筑及其价值要素。在该案例指引下，广州市已完成新河浦、太古仓、TIT等多个历史文化街区的消防审验审批。

四、改造成效

（一）建筑修缮方面

永庆坊充分重视"新""老"融合，保留原有"三横五纵"的街区格局，还原1.2km骑楼街传统风貌。以老建筑传统历史风貌实施立面修复，内部结构先鉴定再加固，更好更细保留老建筑风貌特色，成就"绣花式"微改造典范。

（二）经济效益方面

正式对外开放以来，永庆坊先后引入122个非遗文化、国际餐饮、活力潮牌等品牌店铺，在营商业达百余家。通过硬件提升、软件配套，陆续开放了非遗街区、滨河段、金声段等空间，丰富了永庆坊的文化、商业、旅游特色体验，掀起老城区文化商业热潮，以文化带动流量变现，支撑老城区经济焕发新活力。

（三）社会效益方面

永庆坊将室外架空设置的电力线和电话线、电视信号线及其他通信网络线埋地敷设，解决了老旧线路和强弱电混搭现象，大幅降低电气火灾隐患。永庆坊引入了非遗文化展示、创意办公、餐饮民宿和商业配套等四大业态以及"三雕一彩一绣"、粤剧粤曲等非遗文化工艺品、广州老字号及时尚轻餐饮文化、岭南特色风情民宿等新兴业态，取得了良好的社会效益。

（四）文化提升方面

永庆坊对照民国老照片复古了沿街400个店铺招牌，街区门牌和导示系统融入"西关打铜"与岭南花窗元素，重现千年商都氛围。永庆坊打造了广州首个非遗街区，成立了广州首家非物质文化遗产协会，广彩等10个非遗项目进驻大师工作室，成功创建了广东省省级粤剧粤曲文化生态保护实验区并成功申报国家4A级景区（图9-13）。

图9-13　永庆坊非遗街区

参考文件

1. 《广州市关于加强具有历史文化保护价值的老旧小区既有建筑活化利用消防管理的工作方案(试行)》
2. 《历史保护建筑防火技术规程》DB4401/T 109—2021
3. 《广州市具有历史文化保护价值的老旧小区既有建筑消防设计指引》

总 结

城市更新是推动城市可持续发展、改善居民生活质量、提升城市竞争力的重要途径，既有建筑改造是城市更新的重要内容，消防设计审查验收是做好既有建筑改造工作、保障改造工程消防质量安全的重要一环。为适应城市发展新形势新要求，探索完善既有建筑改造利用消防审验管理路径，提高既有建筑改造工程消防质量，提升本质安全水平，住房和城乡建设部陆续出台指导文件，开展既有建筑改造利用消防审验试点，启动编制相关技术标准，逐步完善既有建筑改造顶层设计。各地勇于探索，先行先试，结合当地实际改造需求，不断建立健全工作机制，完善改造技术依据，畅通消防审验路径。这一系列措施和举措，有效提升了既有建筑改造消防安全水平。

一、在畅通既有建筑改造利用消防审验路径方面

从全国情况来看，部分既有建筑改造工程消防审验手续办理时普遍存在档案资料缺失等问题；一些改变使用功能的改造工程无法提供相应的规划许可文件导致要件不全；改造实施过程中，技术服务力量专业性不够强，技术服务质量难保障；既有建筑改造涉及多个行业主管部门，协同监管难度大。针对上述等问题，近年来各地在简化既有建筑改造利用消防审验办理要件、试行消防验收备案告知承诺、加强建设工程消防技术服务管理、完善部门协作机制等方面不断探索，取得初步成效。例如，南京市、西安市等由当地住房城乡建设部门会同规划主管部门，共同研究制定申请消防设计审查时可以免于提交建设工程规划许可文件的正负面清单，简化既有建筑改造利用消防审验办理要件和审批流程，从源头解决既有建筑改造难题。北京市探索简化小微改造工程消防审验审批，试行消防验收及备案"清单+告知承诺

制"和"备查制",除一类高层公共建筑和内设公共娱乐、儿童、老年人活动等火灾风险较大的场所外,对5000m²以下商场改造消防验收试行告知承诺制。南昌市建立消防工程第三方服务机构名录库,从技术咨询服务质量、建设单位评价等方面对第三方服务机构进行客观评价,并根据结果进行奖惩。北京市指导参建单位将消防质量管理融入工程质量保障体系,推动工程质量一体化监管。江苏省协调多部门制定防火保障方案,加强消防协同监管,提高消防审验审批效能。一系列政策举措在典型项目推进过程中发挥了积极作用,有效指导北京市首钢一高炉、上海市北京东路190号沙美大楼、江苏省南京市浦口火车站片区等项目的高效实施。

各地通过对既有建筑改造利用消防审验路径探索,普遍认为应加强顶层设计,制定完善相关法律法规体系,明确各部门在城市更新行动中的职责分工和既有建筑改造工程消防审验实施流程,建立健全信息公开、信息共享、联合执法、消防审验与开业检查衔接等协调联动工作机制。对既有建筑改造项目分类管理,制定既有建筑使用功能变更正负面清单,优化消防审验管理流程,简化小微改造工程消防审验审批受理要件,探索对简易低风险项目采用告知承诺制,加强既有建筑改造利用消防审验信息化监管。强化对建设工程消防审验技术服务机构的管理,出台建设工程消防技术服务机构管理办法,加强对建设工程消防技术服务机构信用评价和分类分级管理,明确消防技术服务机构从业范围、从业条件和执业要求,采取信用采集、失信惩戒、信用修复等措施,进一步规范建设工程消防技术服务行为,为既有建筑改造利用消防审验提供强有力技术支撑。

二、在完善既有建筑改造利用消防审验技术依据方面

既有建筑改造不同于新建建筑"白纸作画",初始条件千差万别,改造类型繁杂多样,明确"既有建筑改造"和"既有建筑改造"的适用情形,是既有建筑改造利用消防审验工作的基础。针对

目前既有建筑改造认识不统一、执行标准不一致、改造需求差异大、改造时无法简单套用现行工程消防技术标准等情况，各地进行了诸多有益的探索。国家、各省市研究制定了30余部技术指导文件，逐步搭建起既有建筑改造消防审验技术体系框架。例如，《建设工程消防设计审查验收管理暂行规定》（住房和城乡建设部令第58号）明确，因保护利用历史建筑、历史文化街区需要，确实无法满足国家工程建设消防技术标准要求的特殊建设工程，应开展特殊消防设计专家评审。《建筑防火通用规范》GB 55037—2022规定，对于既有建筑改造项目（指不改变现有使用功能），当条件不具备、执行现行规范确有困难时，应不低于原建造时的标准。地方层面，北京市印发《北京市既有建筑改造工程消防设计指南》，明确既有建筑改造工程消防设计的总体原则，从维持现状、满足旧规、性能补偿三个层面提出46条设计要求。南京市印发《南京市既有建筑改造消防设计审查工作指南》，明确了新旧消防技术标准的适用规则，确保不降低并力求改善、提升原建筑消防安全水平。广州市印发历史保护建筑防火技术规程，完善历史文化街区和历史建筑消防设计审查技术要求和流程。山东省发布既有建筑改造利用消防审验案例指引，图文并茂阐述改造项目改造措施路径，分析不同类型改造项目的消防安全风险和消防技术要点。这一系列技术指导文件，有效指导了北京三里屯太古里、南京D9街区、广州市永庆坊等既有建筑改造项目顺利推进。

通过梳理各地实践探索有关做法，结合出台的既有建筑改造技术指导文件内容，不难发现，各地普遍认为既有建筑改造应以力求改善、提升建筑消防安全水平，坚守不降低既有建筑原有结构和消防安全水准的底线，合理控制改造费用，提高项目改造的整体效能，实现改造安全性和经济性的协调统一。根据既有建筑改造类型、使用功能、火灾危险性等特点，应对既有建筑改造工程进行分类管理，精准施策，尤其对于文物建筑、历史建筑、历史文化街区等既有建筑改造工程，较一般民用和工业建筑存在特殊性，需有针对性制定该类既有建筑改造工程的技术指导文件。

三、在推动既有建筑改造工程消防安全水平提升方面

　　既有建筑改造利用消防审验工作中，常会遇到此类难题：部分既有建筑因使用需求等变化进行了多次改造，现状与原设计图纸存在较大差别；部分既有建筑因资料保管不善原设计图纸灭失，改造建筑的原始消防安全性能认定缺少数据支撑；部分既有建筑使用过程中虽未进行改造，但建筑材料、设施设备老化严重，结构安全性能和消防安全性能降低，既有建筑改造初始条件不明确；部分既有建筑改造工程消防设计时采取加强性技术措施保障工程消防质量，但改造前后消防安全水平提升程度判定无依据等。针对以上问题，各地积极探索既有建筑改造利用消防审验新模式、新路径，通过优化既有建筑防火设计方案、增设消防设施设备、综合运用消防新技术等多种措施，大大提高了既有建筑改造项目对火灾的快速识别和响应能力，并将既有建筑改造利用消防审验纳入建设工程消防审验信息化管理，有效指导了既有建筑改造工作科学规范开展。例如，《山东省既有建筑改造工程消防设计审查验收技术指南》指出，既有建筑消防改造利用前，建设单位应按相关规定组织开展消防性能和结构安全评估，并同步编制既有建筑消防安全性能评估技术规程。《南京市历史文化街区及历史建筑改造利用防火加强措施指引》中强调，在历史文化街区及历史建筑改造利用之前，应对改造利用对象的消防安全现状进行调查，调查结果作为历史文化街区及历史建筑消防设计的基础，并对消防安全现状调查内容、调查过程等进行了规定。福州、合肥等市也分别出台文件，对改造前消防安全评估内容提出了具体要求。项目运用层面，北京市三里屯太古里北区项目采用基于指标体系的消防量化评估方法对项目的消防安全水平进行评估，为既有建筑改造消防安全性能提升提供了技术支撑。此外，福建省福州市三坊七巷、山东省烟台市朝阳街和亚东柒号文创园等工程也是因地制宜、综合运用创新技术的典型项目。

　　通过改造保障工程消防安全水平，是既有建筑改造的目的所在。各地提出的既有建筑改造前开展消防安全性能评估，明确改造初始条件和消防安全水平提升判定依据，已成为共识。针对历史文化街区、

历史建筑等既有建筑改造工程,指导责任主体科学制定防火安全保障方案,采取可靠的性能补偿措施,提升既有建筑改造工程消防安全水平。加强智慧消防建设,设置多光谱火灾探测报警器、可燃气体探测报警器、无线水压监测器等智慧消防设施,通过智慧互联,助推既有建筑改造消防监管科学化、专业化、规范化。加大政策支持和科技奖励,鼓励研究针对不同火灾场景的新型灭火技术,研发高效建筑消防设施设备,推进消防新技术新材料推广应用,推动建筑消防设施设备小型化、高效化,使其更适用于既有建筑改造,最大限度保持建筑原有风貌,提高消防安全水平。

党的二十届三中全会明确要求建立可持续的城市更新模式和政策法规,深化城市安全韧性提升行动。做好既有建筑改造利用消防审验工作是践行党中央、国务院决策部署的具体体现,是解决发展难题回应社会殷切期盼的实际行动,任重道远、行则将至。要进一步总结推广既有建筑改造消防审验工作经验,在聚焦创新工作机制,探索优化管理模式,完善政策技术体系等方面深耕细作,守牢消防安全底线,推动城市更新,保障人民群众生命财产安全。

后 记

当前，随着我国城市发展逐渐由增量向存量阶段转变，城市更新已成为新时期城市高质量发展的重要抓手，既有建筑改造是城市更新的重要组成部分，保障既有建筑改造工程消防质量安全更是应有之义。本书精选了城市更新背景下既有建筑消防改造利用9个典型案例，分门别类阐述了案例的工程概况、改造重点难点及应对措施、典型做法、改造成效等内容，希望这些探索与实践能够对进一步做好既有建筑改造利用消防审验工作起到一定的借鉴参考作用。

本书编写过程中，编写组先后赴北京、广州、南京、上海、烟台等多个地市调研，与消防审验主管部门就既有建筑改造利用消防审验工作开展座谈交流，赴试点项目现场与建设、设计、技术服务机构等单位面对面沟通项目情况，学习了解各地在完善既有建筑改造利用消防审验技术体系、优化消防审验审批管理、强化监督检查和审批服务、打通既有建筑改造利用消防审验实施路径等方面的经验做法，受益匪浅，并愈发感到既有建筑改造利用消防审验工作责任重大、意义深远。

本书编写过程中，得到了住房和城乡建设部建筑节能与科技司、住房和城乡建设部建设工程消防标准化技术委员会、住房和城乡建设部科学技术委员会建设工程消防技术专业委员会的精心指导；得到了北京市、上海市住房和城乡建设管理委员会，江苏省、福建省、山东省、广东省住房和城乡建设厅，南京市城乡建设委员会，福州市、广州市、烟台市住房和城乡建设局，中国建筑科学研究院建筑防火研究所等有关部门的大力支持；得到了全国各地消防审验主管部门、高等院校、科研机构和案例项目有关单位和专家的关心帮助。

感谢中国建筑工业出版社对本书的加工润色，在此对所有给予本书关注、帮助和支持的领导和专家，一并表示感谢！